고단백
저탄수화물
다이어트
레시피

· 인생몸매 만드는 2주 플랜 ·

고단백
저탄수화물
다이어트
레시피

—— 미니 박지우 지음 ——

위즈덤하우스

차례

PART 1.

모태통통 유전자를 날씬 유전자로 바꾼
미니의 다이어트 스토리

PART 2.

좋은 탄수화물로
체력을 보충하는 아침

Lunch

PART 3.

고단백으로 저녁까지
배고프지 않은 점심

PART 4.

탄수화물 NO!
살 안 찌는 체질로 만들어주는 저녁

Dinner

PART 5.

외식+과식+폭식을 막는
다이어트 스페셜 요리

Specials

Meal Prep

& Smoothies

PART 6.

한꺼번에 일주일 치
저장 밀프렙 & 바로 효과 보는
다이어트 스무디

Mini's
DIET STORY

*

모태통통 유전자를 날씬 유전자로 바꾼
미니의 다이어트 스토리

많은 분들이 저의 '비포(before)' 사진을 보기 전까지는 원래부터 날씬한 사람으로 오해하곤 해요. 그럴 때마다 왠지 뿌듯하고 기분이 좋아져요. 왜냐하면 저는 태어나서부터 쭉 통통했었고, 잘못된 식습관과 다이어트, 요요의 무한 반복으로 성인이 된 이후엔 70kg이라는 최대 몸무게까지 찍어봤었거든요. 혹하는 광고와 거듭된 요요로 지친 다이어터, 지금이야말로 제대로 인생 몸매한번 만들어보고 싶은 분, 건강을 되찾는 올바른 다이어트를 시작하려는 분들에게 제가 몸소 겪었던 현실적인 다이어트 방법과 팁을 알려드릴게요.

한 번도 날씬한 적 없었고,
수백 번의 다이어트를 모두 실패했던 미니를
70kg → 48kg로 만들어준 고단백 저탄수화물 레시피

·

4.2kg의 우량아로 태어난 저는 단 한 번도 날씬했던 적이 없었어요.
모태통통이 혹은 뚱뚱이로 살아왔기에 제게 다이어트는 언제나 1순위 관심사였지만,
결과는 언제나 '돈 빼고 살 모으기'의 반복이었죠.
과거의 저는 올바르지 못한 다이어트와 잘못된 식습관으로 요요를 달고 살던 사람이었어요.

첫 다이어트는 한창 성장기인 중학생 때였어요.
좋아하는 교회 오빠에게 예뻐 보이고 싶은 마음에 몇 날 며칠을 굶는 것이 시작이었죠.
공부에 집중해야 하는 고3 때는 덴마크 다이어트를 하다가 기절했고,
성인이 되고 나선 그때그때 유행하는 다이어트라면 모조리 다 따라 해봤어요.
원푸드는 기본이고 약도 먹고 시술까지 받아봤지만,
빌어먹을 제 몸뚱이에는 부작용만 남을 뿐이었죠.
물론 어느 정도 감량 후에는 '이 정도면 괜찮지 않나?' 싶은 생각이 들 때도 있었어요.
정상 체중 혹은 그에 가까워지면 긴장감도 풀리고요. 하지만 요요라는 놈은
감량에 투자한 시간과 돈을 비웃듯 빠른 속도로 몸집을 키워서 다가왔어요.

결국 키 165cm에 평균 체중 58~65kg, 최고 70kg으로 평균 체중의 범위마저 넓었던 저는
다이어트를 하면 할수록 몸무게가 고무줄처럼 왔다 갔다 했어요.
그렇게 악순환을 반복하며 점점 살이 쉽게 붙는 체질이 되고 만 거죠.

여느 해와 마찬가지로 다시 다이어트를 결심했던 2015년 새해,
친구의 생일파티 날이었어요. 좋아하는 술과 고칼로리 음식들을 꾹 참고,
사이드메뉴로 나온 샐러드를 깨작거리며
"나 다이어트 중이야."라고 친구들에게 연례행사나 다름없는 선언을 했죠.
그랬더니 다이어트라고는 평생 해본 적 없는 모태날씬이 친구가 저에게 한마디 했어요.

"너는 왜 그렇게 매번 연예인처럼 살을 빼? 그냥 먹고 싶은 거 먹고 운동을 해, 운동을!
그래 봤자 맨날 요요 오잖아."

그때 저는 '평생 살이라곤 쪄본 적도 없는 네가 뭘 알아? 먹고 싶은 거 다 먹고 운동하면,
그냥 돼지에서 건강한 돼지가 되는 건데?'라고 생각했지만, 막상 말로 뱉진 못했어요.
'맨날 요요 오잖아.'라는 친구의 말은 뺄도 박도 못 하는 '팩트'였으니까요.

다이어트 전의 미니

그동안 다양한 방법으로 실패하는 저의 다이어트를 가장 가까이에서 지켜봐 왔던 친구의
생일파티에서 샐러드나 깨작거리고 있으니 충분히 들을 수 있는 말이었죠.
그 순간 화가 났어요. 친구가 아니라 저 자신한테요.
날씬한 친구를 부러워만 하고, 결심과 실패를 반복하던 제가 부끄러워지기 시작했어요.

'그래, 이번엔 정말 제대로 해보자! 나도 한번 말라보는 거야!'

•

그동안 저는 한여름에도 조금이나마 덜 뚱뚱해 보이기 위해 검은색 긴바지만 입었고,
민소매에 핫팬츠는 입어본 적도 없었어요. 대중교통 좌석에 앉을 때
배와 허벅지를 가려야 마음이 놓여서 큰 가방만 들고 다녔고, 변기에 앉아서도
'이만큼만 없었으면 좋겠다.'며 넓게 퍼진 허벅지를 손으로 자르는 시늉을 하던 과거의 저였죠.
남의 시선뿐만 아니라 스스로의 시선에서도 자유롭지 못한 안타까운 젊음,
잘못된 다이어트로 망가진 몸….

이 모든 것과 제대로 이별하기 위해 각오를 단단히 다졌어요.

그날 이후, 저는 단기간에 굶어서 빼는 다이어트와는 작별을 고하기로 했어요.
대신, 탄수화물을 줄이고 단백질을 높인 식단을 시도하기 시작했죠.
닭가슴살, 고구마, 방울토마토만 먹으면 금방 질려서 포기할까 봐 다양한 레시피를 개발했어요.

숱한 시행착오 끝에 드디어 저만의 꾸준한 식단 관리로 막연히 바라기만 했던
48kg이라는 체중까지 도달하게 되었어요.
오랜 감량 끝에 맛본 다이어트의 성공은 그 무엇과도 바꿀 수 없는 값진 결과였답니다.

다이어트 후의 미니

다이어트 후 유지 중인 미니

더욱 뿌듯했던 건 사춘기 시절부터 오랜 정을 쌓았던 요요와 절교했다는 것,
그리고 날씬한 몸매뿐만 아니라 매일 무겁고 쉽게 피로해졌던 몸이
가벼워지며 건강을 되찾았다는 점이에요.
의지박약한 제가 성공한 다이어트이니 여러분들도 분명 성공하실 수 있을 거예요.

처음부터 으리으리한 목표를 잡기보다는 작심삼일도 모이면 1년이 된다고,
2주씩 실현 가능한 목표를 세워 2주 플랜 고단백 저탄수화물 식단을 시작해보세요.
처음엔 어려울지 몰라도 삼시 세끼 자신을 위해 다이어트 요리를 만들고,
건강한 식단을 즐기기 시작한다면 어느덧 날씬해진 몸매와 더불어 나를 사랑하는 습관까지
얻을 수 있을 거예요.

식단부터 유지를 도와주는 똑똑한 메뉴, 다이어트 할 때 나타나는 변비, 빈혈, 위장 장애,
트러블 등을 단번에 없애는 스무디까지 저에게 22kg 감량의 기적을 선물한 비법들을
낱낱이 공개할게요!

실패하지 않는
고단백 저탄수화물 식단 구성

*

삶은 닭가슴살, 삶은 고구마, 방울토마토, 이 세 가지만으로 다이어트를 이어오던 저는 얼마 지나지 않아 다이어트 권태기에 빠졌습니다. 너무너무 느끼하고 물려서 더는 먹을 수가 없었거든요. 어렵지 않은 조리법으로 나만의 식단을 만들어가는 과정은 나를 더 사랑하고 다이어트를 꾸준히 하는 계기가 되었습니다. '요리 무식자'인 저도 성공했으니 여러분도 쉽게 따라 하실 수 있을 거예요.

1.

<u>약간의 탄수화물을 먹어야 다이어트에 실패하지 않는다</u>

밥을 꼭
먹어야 하는
밥순이도
할 수 있어요

저는 밥을 좋아하는 완전 한국인 입맛이라 아침, 점심 중 한 끼는 꼭 밥을 먹었어요. 머리 쓰고 몸 쓰는 낮 시간에 힘 빠지지 않도록 잡곡밥이나 현미밥을 아주 조금이라도 곁들이고 제철 채소, 해조류, 버섯 등을 싱겁게 조리해 함께 먹었어요. 그리고 달걀, 닭가슴살 등의 메인 재료로 단백질을 보충하면 맛있고 질리지 않는 완벽한 다이어트 식단이 완성됩니다.

- **채소** – 시금치, 콩나물, 가지, 브로콜리, 양배추, 애호박, 무 등
- **해조류** – 미역, 미역줄기, 다시마, 조미하지 않은 김 등
- **버섯** – 새송이버섯, 팽이버섯, 맛타리버섯 등
- **단백질 식품** – 달걀, 닭가슴살, 두부, 오징어, 소고기 살코기, 돼지고기 안심, 병아리콩 등

• 좋은 탄수화물 식품 – 현미밥, 잡곡밥, 통밀빵, 호밀빵, 고구마, 오트밀, 바나나, 단호박 등

2.

입이 심심할 틈을 주지 말 것!

틈틈이 자주 챙겨 먹어야 폭식을 막을 수 있어요

식욕이 올라올 새가 없도록 하루에 물 2~3L를 틈날 때마다 자주 마셨어요. 맹물이 싫으면 탄산수나 허브티, 연한 아메리카노도 좋아요. 그러다가 무언가 씹고 싶을 때는 견과류나 채소스틱을 먹었어요. 몸이 심한 허기를 느끼지 않아야 폭식을 막고 가짜 식욕이 뇌를 지배하는 걸 막을 수 있으니까요. 무조건 굶지 말고 입이 심심할 때 먹을 수 있는 건강한 간식을 준비하세요.

• 양껏 먹는 간식 – 채소스틱(당근, 오이, 파프리카, 셀러리), 방울토마토 등
• 적당히 먹는 간식 – 아몬드 1줌(30g), 삶은 병아리콩 1줌(50g), 서리태볶음 1줌(50g), 무가당요거트(80g), 호박즙, 양파즙 등

3.

알록달록 보기 좋은 샐러드가 맛도 영양도 좋은 법

샐러드는 지루한 '풀떼기'가 아니에요

꼭 초록색 잎채소로 샐러드를 만들어야 한다는 고정관념을 버리니까 샐러드가 다양해져서 더 맛있게 먹을 수 있었어요. 좋아하는 잎채소와 일반 채소를 섞고 닭가슴살이나 달걀 같은 메인 단백질 재료를 섞어 푸짐하게 먹으니까 배고픔의 스트레스에서도 해방되었고요. 이때 블랙올리브 같이 짭짤한 재료를 조금 넣으면 드레싱이 없어도 먹기 편해요. 드레싱은 올리브유 베이스의 오리엔탈, 발사믹, 이탈리안드

레싱을 선택해서 샐러드에 붓지 말고 조금씩 찍어서 먹는 습관을 들이세요.

- **샐러드 잎채소** – 양상추, 상추, 로메인, 케일, 깻잎, 양배추, 어린잎채소, 새싹채소, 쌈채소 등
- **곁들임 재료** – 빨강·주황·노랑파프리카, 청피망, 오이, 당근, 양파 등
- **그 외 샐러드 재료** – 블랙·그린올리브, 아보카도 등
- **올리브유 드레싱** – 오리엔탈드레싱, 발사믹드레싱, 이탈리안드레싱

4.

싱겁게 요리하는 대신 향신료로 다양한 맛을 즐겨요

무염식이 아닌 저염식으로 요요를 막는다

염분을 완벽히 배제하면 오히려 다이어트 후에 폭식하거나 쉽게 붓는 체질이 될 수 있어요. 그래서 저는 소금이나 간장을 조금만 넣고 싱겁게 조리해 먹었어요. 기름은 몸에 좋은 오일을 골라 조금씩 썼고요. 자극적인 양념을 먹을 수는 없으니까 고추, 양파, 마늘 같이 알싸한 채소를 많이 써서 자칫 담백해서 싫증 나는 음식에 맛을 더했어요. 그리고 다이어트를 오래 하다 보니 더 맛있게 먹고 싶어서 후춧가루와 대형마트에서 파는 향신료를 구입했어요. 유통기한도 1~2년으로 긴 편이라 구비해두면 여기저기 쓰임새가 많을 거예요.

- **좋은 오일** – 올리브유, 코코넛오일
- **맛내기 채소** – 청양고추, 페페론치노(건고추), 마늘, 양파
- **향신료** – 파슬리가루, 바질가루, 크러쉬드레드페퍼, 카레가루, 후춧가루
- **매운 소스** – 스리라차소스(동남아식 핫칠리소스)

5.

천천히 먹을수록 포만감이 빨리 찾아와요

칼로리를 계산하지 않는 대신 천천히 먹는다

칼로리를 계산해서 먹다 보면 음식에 대한 강박이 심해져요. 게다가 우리가 계산한 칼로리가 잘 맞지도 않고요. 대신 '잘 먹고 잘 자고 잘 싸는 것'에 핵심을 두고, 좋은 음식 먹기, 충분한 수면 취하기, 화장실을 잘 가기 위해 식이섬유 많은 채소, 해조류 골고루 섭취하기 등을 기억하세요. 그리고 또 하나 중요한 것은 바로 천천히 먹기예요. 저처럼 식탐이 있어도 항상 날씬한 친구를 보니 저보다 천천히 먹고, 저보다 숟가락질을 하는 횟수와 양이 적었어요. 칼로리 계산할 시간에 음식을 천천히 음미하면서 포만감의 상태를 확인해보세요.

식단과 함께하면
2배로 살 빠지는 운동법

*

제 다이어트의 성공 비결은 8할, 아니 그 이상이 식단이라고 해도 과언이 아니에요. 하지만 적당량의 운동은 보다 빠른 감량을 도와줄 뿐만 아니라, 탄력 있고 예쁜 몸매를 만들어주니 필수적인 존재죠. 제가 도움받았던 운동법을 소개하니 무리하지 말고 꾸준히 실천해보세요.

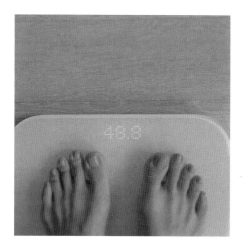

1.

시작은 차근차근, 욕심내지 말고, 생활 속 틈새운동!

> 큰 변화는 작은 습관에서 부터 시작돼요

다이어트 초기에는 식습관을 개선하고 위를 줄이는 게 우선이에요. 식이요법만으로도 벅찰 때 운동까지 과하면 오히려 다이어트를 포기하거나 폭식을 유발할 뿐이죠. 걷기처럼 생활 속에서 실천할 만한 운동을 목표로 하고, 식단에 적응하고 나서 운동을 늘리는 편이 나아요. 제가 직접 실천해서 효과를 보았고, 지금도 지키려고 노력하는 습관들을 알려드릴게요. '에게, 이게 운동이야?'라고 생각할 수도 있지만 이것이 습관이 되면 몸은 분명 변화합니다.

- 에스컬레이터 대신 계단과 친해지기 - 계단을 오를 때는 오르는 발의 앞쪽 1/3만 이용해서 딛고, 발뒤꿈치를 눌러주면서 오르면 종아리가 예뻐지는 1석 2조의 효과를 누릴 수 있어요. 자칫하면 균형을 잃을 수도 있으니 반드시 손잡이를 잡고 오르세요.

- 걸을 수 있는 거리는 빠른 걸음으로 걸어서 이동하기
- 퇴근 후 버스 2정거장 전에 미리 내려서 걷기
- 항상 배에 힘주고 있기
- 자기 전에 간단한 스트레칭 꼭 하기
- 다리는 심장보다 높게 올려두고 잠들기

2.

일찍 일어나는 다이어터가 살을 잘 뺀다

하루를 조금 부지런히 시작하면 다이어트 의지가 강해져요

제가 비교적 빠르게 감량할 수 있었던 이유 중 하나는 아침 일찍 일어나서 했던 '공복 유산소운동'이었어요. 탄수화물이 고갈된 상태에서 운동을 하면 지방을 에너지원으로 사용해 체지방을 보다 빠르게 태울 수 있거든요. 20~30분 정도 빠르게 걷는 것만으로도 충분해요. 한때는 안 하던 운동을 하니 살이 빠지고 더 빠르게 감량하고 싶은 욕심이 생겨서 무리하게 40~50분 등산으로 변경한 적이 있었어요. 그런데 체지방 수치는 제자리였고 오히려 근육이 심하게 손실되었죠. 처음엔 힘들지만 아침형 다이어터가 되고 나면 그동안 느끼지 못했던 뿌듯함과 상쾌함으로 좀 더 활기찬 하루를 시작할 수 있어요.

*추천 운동 - 실내자전거, 빠르게 걷는 러닝머신 등

dd.mini 토요일은 즐거운 공복유산소!
어제 장만해둔 다이소쎈캡과 함께 ㅋㅋ
날씨 완전 여름여름하다잉
#공복몸무게 49.7kg
#공복운동 전후스트레칭 빠르게걷기25분하는도중 사진찍은 곳에서
크런치50회(엉뽀아뽐)

dd.mini 7/7 #아침운동 am5:50 기상
#공복몸무게 49.8kg 껄껄껄...

이번주에 제주도 가는데 껄껄껄.몸무게가.껄껄껄
가서 마이 묵을꺼니까 가기전까지 운동 더 열시미

스트레칭의
중요성을 몸으로,
눈으로
확인해요

3.

마무리로 스트레칭은 필수!

저는 부종형+지방형 하체비만이었고, 지금도 과식하거나 컨디션이 안 좋아지면 하체부터 붓고 살이 쪄요. 저 같은 분들에게 스트레칭 바이블과도 같은 '강하나 하체 스트레칭' 동영상을 강력 추천합니다. 근력운동을 한 후에도 마무리 스트레칭으로 몸에 라인을 만들어주었고, 근력운동을 안 하는 날에도 이 스트레칭은 거의 매일 보고 따라했어요. 이외에도 하루 몇 분만 폼롤러로 온몸 이곳저곳을 쭉쭉 밀어주다 보면 보다 예쁜 보디라인이 잡히는 게 눈에 보일 거예요.

* **추천 영상** - 강하나 하체 스트레칭
* **추천 도구** - 폼롤러

{ 요요 없이 살 안 찌는 체질로 바꾸는 비법 }

*

목표 체중까지 도달한 후에 한 차례 고비가 왔어요. 수많은 다이어트 후기 중에 롤 모델로 삼을 만한 유지 사례가 없었거든요. 평생 크고 작은 요요를 경험했던 저였기에 감량 후 다시 살이 찔 것 같다는 두려움에 사로잡혀 과한 다이어트 식단을 진행하기도 했어요. 그랬더니 오히려 몸이 볼품없이 변하더라고요. 요요가 제일 무서웠던 제가 다이어트 성공 후 처음으로 요요 없이 2년 넘게 유지하고 있는 확실한 방법을 공유합니다.

1.

다이어트 식단과 일반식을 적절히 섞어 먹는다

다이어트 식단에서 양을 조금씩 늘려가면서 서서히 아침이나 점심은 일반식을 먹어도 좋아요. 하지만 적당히 배가 부르다 싶을 땐 과감히 숟가락을 내려놓는 용기를 발휘하세요. 달콤한 음식, 짠 음식, 국물 요리, 기름진 음식을 먹을 때는 다이어트 시절을 생각하며 최대한 천천히 절제하며 먹어야 폭식을 막을 수 있어요.

2.

과식한 다음 날은 공복 12-16시간을 유지하고, 공복 유산소가 필수

주말에는 평소 먹고 싶었던 것을 먹고 즐기세요. 대신 그 다음 날이 중요해요. 공복으로 12~16시간을 유지한 다음, 공복 유산소운동을 하고 그날은 다이어트 식단으로 가볍게 먹습니다.
저 같은 경우는 토요일에 약속을 잡아 저녁 8시 전까지 맛있는 음식을 배불리 먹고, 일요일 정오까지 늦잠을 잤어요. 그러면 공복 16시간이라는 긴 시간이 생각보다 쉽게 지나가요. 기상 후 공복에 유산소 운동을 30분 정도 해주고, 첫 끼는 건강음료를 만들어 마시거나 간단히 아점을 먹었습니다.

3.

채소를 먼저, 채소를 위주로 하는 식습관으로 바꾼다

탄수화물을 먹기 전에 꼭 채소를 먼저 드세요. 탄수화물을 마지막에 먹어야 식후 혈당 상승과 인슐린

분비를 억제시켜 다이어트에 도움이 돼요. 또 채소로 허기를 채우면 음식을 조금 덜 먹을 수 있고, 우리 몸에 필요한 식이섬유, 비타민을 충분히 섭취할 수 있습니다.

4.

물 마시는 습관을 생활화

누구나 알고 있지만 실천하기 어려운 물 마시기를 습관화하세요. 저는 아예 알람을 맞추어 놓고 공복 물 한 잔으로 장운동을 활발하게 돕고, 식사 30분 전 물 한 잔으로 과식을 예방했어요. 또 한꺼번에 마시면 몸에 이상이 생길 수도 있으니까 틈틈이 적당히 마시려고 노력했어요. 물 덕분에 가짜 식욕을 잠재울 수도 있었고 수분이 보충되어 피부까지 좋아졌답니다.

5.

종종 체중계에 오르고, 거울과 친해질 것

유지어터에게도 어느 정도의 긴장감은 필요해요. 종종 체중계에 올라 체중 변화를 체크했고, 거울로 보디라인을 관찰했어요. 조금 살이 쪘다 싶을 땐 운동량, 활동량을 늘리고 다시 식단을 조절했죠. 모델 한혜진 씨도 매일 아침 공복에 체중계에 오르는 습관을 가진 것처럼, 체중계와 거울과 친해진 것이야말로 제가 요요 없이 체중을 유지할 수 있었던 최고의 방법이었습니다.

인스타그램에서 이루어진 폭풍 Q&A

*

제가 다이어트에 성공할 수 있었던 이유 중의 하나는 인스타그램이나 블로그에 꾸준히 다이어트 과정을 기록하고 많은 분들에게 공감을 얻었기 때문이에요. 수많은 분들이 질문을 주셨는데요, SNS에서 가장 많이 받은 질문들을 공개합니다.

Q1.

매번 작심삼일로 끝나는 다이어트, 포기하지 않고 지속할 수 있는 방법이 있나요?

A. 저는 평생 요요를 달고 살던 다이어터였어요. 다이어트는 자신과의 싸움인데 다이어트 보조제를 먹어도, 운동을 해도, 시술을 받아도 결국 의지가 부족해서 결과가 좋지 않았어요. 그 '의지'를 만들기 위해 제가 쓴 방법은 '기록'이었어요.

다이어트 노트를 만들어서 하루 식단과 운동을 적고, 다이어트 하며 내가 잘했던 일을 적어 셀프 칭찬을 해줬어요. 반성할 땐 반성하고 '내일은 좀 더 잘해보자! 잘 해낼 수 있지?' 하며 스스로를 다독여주었고요. 의지가 약한 저도 기록을 실천하며 스스로를 믿고 사랑하는 방법을 배웠고, 다이어트를 지속하는 원천이 되었어요.

또 SNS에 다이어트 일기를 쓰며 다이어터들과 정보를 공유하고 소통했던 것도 큰 자극제가 되었어요. 응원과 격려, 공감을 통해 힘을 얻었거든요. 제 인스타그램 아이디 @dd.mini의 dd도 'diet diary'의 줄임말이에요. 혼자 하는 다이어트가 외롭다고 느껴지면 SNS를 통해 많은 사람과 소통하기를 추천합니다.

Q2.

다이어트 중에 친구와의 약속이나 데이트는 어디서 하나요?

A. 집중 감량 기간에는 아쉽게도 약속을 줄여야 해요. 아무래도 사람을 자주 만나면 다이어트를 포기해야 할 유혹도 많이 생기니까요. 한동안은 독하게 맘먹고 약속이 있어도 커피 한잔하고

헤어지세요. 식사를 해야 할 땐 나의 상황을 알리고 건강식 위주로 먹으면서 활동적인 데이트를 하고요. 혹여나 주말 하루 정도 과식, 폭식했다고 후회하거나 자책하진 마세요. 다이어트 중의 '치팅 데이'였다고 생각하고 홀홀 털어버리고 다시 일주일을 시작하면 됩니다.

- 다이어트 외식 음료 – 아메리카노, 과일주스(설탕이나 시럽 빼고 주문), 허브티
- 다이어트 외식 메뉴 – 회나 초밥, 소고기, 돼지고기(목살처럼 기름이 적은 부위), 두부요리, 콩요리 등의 동식물성 고단백 요리, 샐러드전문점의 푸짐한 샐러드, 샌드위치(통밀이나 호밀빵)
- 외식 중 주의사항 – 짠 반찬은 피하고 천천히 채소를 먼저 먹으면서 적당한 양 먹기

Q3.

회사를 다니면서 다이어트를 병행하기가 힘들어요.

A. 제일 좋은 방법은 도시락을 싸가지고 다니는 거지만 힘들기도 하고 눈치가 보일 수도 있어요. 그럴 땐 외식 메뉴 중 밀가루나 아주 기름진 음식을 제외하고 한식 위주의 건강한 메뉴를 선택하세요. 숟가락보다는 젓가락을 이용해서 조금씩 집어 먹고, 밥은 반 공기만, 짠 음식과 염분이 많은 국물은 최대한 적게 먹으면서 천천히 꼭꼭 씹어 먹어요.

Q4.

다이어트 중에 술을 먹어도 되나요?

A. 안타깝게도 다이어트 최대의 적은 술이라 해도 과언이 아니에요. 일주일에 6일 식단을 열심히 실천하고 딱 하루만 술을 마셔도 '6일 도루묵 됐다'고 생각하세요. 감량보다는 현상 유지만 했다고 보면 됩니다. 경험상 주말에 하루만 술을 마셔도 그다음 주는 정말 살이 안 빠져요. 특히 과음하게 되면 포만감을 못 느껴서 안주를 폭식하게 될 확률도 높아지고요.

회식처럼 피치 못할 술자리에선 취하지 않을 정도로 조금만 마시고 최대한 물을 함께 마시면서 알코올을 분해해요. 안주는 채소나 과일 위주로 드시고요. 저는 평생 술을 끊을 수 없는 애주가이기에 유지기인 지금은 한 달에 2~3회 정도 마시지만, 감량기에는 최대한 술자리를 피했어요. 어느 정도 살이 빠지고 있는 걸 느끼면서 다이어트에 재미를 붙인 후로는 술자리에 가도 술이 별로 당기지 않더라고요. 맥주가 너무 당길 때는 탄산수로 대체하는 것도 좋은 방법입니다.

Q5.

저녁을 꼭 6시 이전에 먹어야 하나요?

A. 저녁을 6시 이전에 먹어서 잠들기 4~5시간 전 공복을 유지하는 게 가장 좋겠지만 사회생활을 하면서는 불가능한 일이죠. 저녁을 8시에 먹는다고 해서 다이어트가 물거품이 되지는 않아요. 일정한 시간에 적당량의 음식을 천천히 꼭꼭 씹어 먹으며 자신의 생활 패턴을 맞춰 가는 게 중요해요. 절대 끼니를 거르지 말고, 점심과 저녁 사이에 간식을 먹어서 배가 너무 고프지 않게 해요. 배고픔은 자칫하면 폭식을 부르니까요.

Q6.

체중 정체기가 왔어요. 극복할 수 있나요?

A. 다이어트를 하다 보면 정체기는 누구에게나 오기 마련이에요. 정체기 또한 다이어트의 과정이라 생각하셔야 해요. 저도 정체기 때 이것저것 다 해봤지만 '그동안 내가 잘해 와서 몸이 잠시 적응기를 가지는구나!'라고 생각하며 마음을 편히 먹는 게 정답이었어요. 조급해하면서 식사량을 확 줄이면 나중에 양을 다시 늘렸을 때 그만큼 다시 살이 찌고, 마찬가지로 운동량도 과하게 늘리면 오히려 몸이 피로해지며 과식을 유발해요. 더도 말고 덜도 말고 지금까지 해온 대로 식단과 운동을 유지하세요.

Q7.

너무 먹고 싶은 음식이 있을 땐 어떡하나요?

A. 우선 음식이 아닌 다른 곳으로 신경을 돌리려고 노력해보세요. 반신욕이나 네일케어 등 자신을 가꾸거나 롤 모델의 사진을 보며 자극을 받는 것도 좋아요. 이렇게 두 번, 세 번 참았는데도 음식 생각이 머릿속에서 떠나지 않는다면 스트레스 받지 말고 한 번쯤 먹는 것도 괜찮아요. 하지만 먹고 싶은 만큼 먹거나 오늘까지만 먹자는 생각으로 폭식하면 절대 안돼요. 나를 제어해줄 누군가와 함께 먹고, 먹을 만큼만 따로 덜어 적당한 양을 꼭 꼭 씹어 먹습니다.
먹고 싶은 음식을 건강하게 만들어서 먹는 방법도 추천해요. 예를 들어 떡볶이는 현미떡으로 적게 넣고 채소는 듬뿍, 고추장은 조금만 넣어 감칠맛 재료(토마토, 마늘, 청양고추 등)를 추가하면 건강하고 맛있게 먹을 수 있어요. 그래서 책에도 다

이어트를 포기하지 않고 지속할 수 있도록 일반식까지 추가했습니다. 스트레스로 술이 마시고 싶을 땐 시원한 탄산수 한 잔을 마시는 것도 크게 도움이 됩니다.

Q8.

다이어트 음식을 직접 만들 때 식비가 많이 나가지 않나요?

A. 장을 보고 꾸준히 부족한 재료를 채워야 하니 식비를 무시할 순 없어요. 하지만 친구들 만나 밥 먹고 카페 가고 술 마시면 몇만 원씩 쓰잖아요. 3~5만 원이면 아껴서 일주일 치 다이어트 식단을 꾸릴 장을 볼 수 있는 금액이에요. 오히려 저는 다이어트 하면서 외식비가 줄어서 다이어트 전보다 지갑에 여유가 생기더라고요.

Q9.

식단조절 후 몸의 변화가 있었나요?

A. 일단 체중이 줄었고 피부가 좋아졌어요. 저는 성인이 되어 화장을 시작한 후로 화농성여드름이 자주 났었는데요, 트러블이 현저히 줄면서 피부에 생기가 생겼어요. 가장 좋은 점은 생리통이 줄어들었다는 거예요. 과거에는 생리통이 너무 심해서 매달 진통제를 끼고 살았는데, 식단을 잘 지킨 달은 생리통이 거의 없더라고요. 물론 평소보다 잦은 음주와 자극적인 음식을 자주 먹은 달은 몸이 귀신같이 알아차려 통증이 조금 있긴 해요. 건강한 음식을 챙기면서 몸뿐만 아니라 나 자신을 아끼고 사랑하게 되어 자존감이 높아졌단 것도 인생

의 큰 획이 되었어요.

Q10.

도시락 대신 편의점에서 다이어트식을 챙길 수 있을까요?

A. 요즈음 편의점에서는 닭가슴살, 삶은 달걀, 고구마, 1인용 샐러드, 견과류, 바나나, 사과, 저지방우유, 저지방요거트 등을 구입할 수 있어요. 우선 주변에서 규모가 큰 편의점으로 가서 선택의 폭을 넓혀주세요. 각 제품을 고를 땐 영양성분표를 비교해서 단백질 함량이 높고 나트륨이 적게 들어간 제품을 선택해요. 편의점 닭가슴살은 대부분 간이 짠 편이라 저는 주로 달걀을 많이 먹어요. 유제품은 당류와 지방 함량을 체크하고, 포화지방과 트랜스지방 함량이 0g에 가까운 제품을 고르는 게 좋습니다.

dd.mini 3월 11일 #아침#눈바디 ••
그리고 #바디체크(3/5와비교)
허리 👉 23.3인치(-0.2)
팔뚝 👉 8.9(=)
엉덩이 👉 34.7(=)
허벅지 👉 17.8(-0.1)

Q11.

부위별 살이 잘 **빠지는** 운동을 알려주세요.

A. 아쉽게도 경험상 부위별로 살이 잘 빠지는 운동은 없었어요. 저는 뚱뚱한 하체가 콤플렉스여서 허벅지, 종아리 살 빼는 운동, 하다못해 무릎 살 빠지는 법까지 인터넷에 검색할 정도였거든요. 그만큼 하체운동을 더 열심히 하기도 했고요. 하지만 콤플렉스인 부분은 아무리 운동해도 이상하리만큼 제일 더디게 빠졌어요. 일시적으로 부위별 근육이 펌핑되는 통증에 살이 빠지고 있다고 착각하기도 했었지만, 그 부위의 둘레는 크게 줄어들지 않았어요.

결국, 지방은 꾸준한 식단과 운동을 통해 전체적으로 빠져요. '콤플렉스인 부분은 더 늦게 빠진다.' 라고 조금 느긋하게 생각하면, 언젠가는 그 결과가 분명 나타날 거예요. 안 빠지는 살은 없어요. 아직 덜 빠진 것뿐이에요.

Q12.

11자 복근은 어떻게 만들었나요?

A. 뱃살은 식단이 정답이에요. 식단조절 없이 복근운동만 열심히 하면 소용없어요. 먼저 배에 있는 체지방을 걷어내야 복근이 어떻게 생겼는지 확인할 수 있거든요. 체지방률이 낮아질수록 복근이 나타나기 시작할 거예요. 저는 매일 아침 스트레칭 후에 윗몸일으키기를 했는데요, 서서히 개수를 늘려가면서 꾸준히 실천해서 복부 근육을 강화시켰습니다.

맛있게 먹고 살 빼는
단백질 듬뿍 재료

✳

단백질이 많이 들어간 식품만 알고 있어도 메뉴에 대한 고민에서 해방될 수 있어요. 저는 주로 마트에서 쉽게 구할 수 있는 재료를 썼는데요, 육류, 가금류, 해산물, 통조림을 조리가 안 된 날것, 완조리제품, 냉동제품, 가공식품 등으로 골고루 썼어요. 그래야 다이어트 하면서 질리지 않고 시간을 단축하여 요리할 수 있어요.

✳
닭가슴살

100g당 단백질 25g

저는 요리를 더 쉽고 빠르게 완성하기 위해 완조리된 냉동닭가슴살팩을 자주 이용해요. 바쁠 땐 그냥 전자레인지에 넣고 데워 먹을 수 있어 간편하거든요. 냉동 생닭가슴살이나 닭가슴살 가공식품도 구비해두고 완조리제품이 질리면 번갈아 먹기도 해요. 닭가슴살은 온라인에서 대량으로 구매하는 편이 저렴하고, 나트륨 함량이 적은 제품으로 골라요.

✳
달걀

개당 단백질 약 12g

닭가슴살과 함께 레시피에 가장 많이 활용되는 재료로 노른자와 흰자를 함께 먹는 걸 추천해요. 그래야 비타민, 아연, 철, 단백질 등의 영양소를 모두 흡수할 수 있고 포만감도 훨씬 좋아져요.

✳
두부

100g당 단백질
7~8g

두부는 냉동했다 해동하면 단백질 조성이 2배나 높아져요. 또한 체지방을 분해하는 아미노산과 아르기닌도 증가하니 냉동실에 두부 몇 모를 미리미리 얼려두세요.

병아리콩은 단백질과 칼슘 함량이 우유와 비슷할 만큼 높고, 비타민 C, 철분, 마그네슘, 미네랄, 아연 또한 풍부해서 빈혈 예방과 면역력 증진, 콜레스테롤 저하에 도움을 줘요. 또한 칼로리가 낮아 다이어트에 좋을 뿐만 아니라, 콩 특유의 비린내 없이 고소해서 콩을 싫어하는 사람들이 먹기에도 좋아요.

[병아리콩 맛있게 삶는 법]
바쁠 때는 통조림을 이용하고 시간이 날 때 한꺼번에 많이 삶아서 냉동해두면 요리할 때 정말 편해요.

1. 병아리콩을 헹궈서 냄비에 넣고 콩의 3배 정도의 찬물을 부어 3~4시간 정도 불린다.
2. 냄비에 불린 병아리콩과 물을 넣고 센 불에서 끓이다가 끓기 시작하면 중불에서 10~15분 정도 삶는다.
3. 삶은 병아리콩은 물기를 빼고 소분하여 냉동실에 보관한다.

*
그 외
고단백 재료들

• 소고기 : 100g당 단백질 21g. 지방이 적고 단백질이 높은 부위는 안심과 등심
• 돼지목살 : 100g당 단백질 18g
• 훈제오리 : 100g당 단백질 16g
• 참치통조림 : 100g당 단백질 19g
• 연어 : 100g당 단백질 20g
• 오징어 : 100g당 단백질 18g
• 새우 : 100g당 단백질 18g
• 렌틸콩 : 100g당 단백질 24g

*
그 외
몸에 좋은 탄수화물

잡곡밥

다이어트 할 때 먹는 밥이라면 현미밥이 가장 먼저 떠오르지만, 저는 다양한 잡곡을 많이 이용해요. 백미 없이 현미, 보리, 귀리, 흑미, 찰현미, 퀴노아 같은 잡곡, 렌틸콩, 강낭콩, 병아리콩 등의 콩을 넣어 밥을 하면 영양도 풍부하고 훨씬 맛있어요. 잡곡과 콩은 온라인몰을 이용하면 훨씬 저렴해요.
초반에 현미밥, 잡곡밥이 낯설다면 백미 5:잡곡 5 비율로 먼저 시작해서 점차 잡곡의 양을 늘려가고, 현미밥에 찰현미를 조금 섞어도 좋아요. 평소 코코넛오일을 한 숟가락씩 넣어서 밥을 지으면 윤기와 맛을 살리면서 몸으로 흡수되는 칼로리를 낮출 수 있답니다.

정확한 계량법 &
편리한 포장법

*

집에 계량컵, 계량스푼이 있다면 활용해도 좋지만 저는 집에 있는 일반 숟가락과 종이컵, 손대중을 활용했어요. 집에 있는 도구로 레시피의 정량을 지켜서 요리하면 맛있고 건강하게 다이어트할 수 있어요.

【 밥숟가락 가루 계량 】

1큰술   1/2큰술   1/3큰술

【 밥숟가락 액체 계량 】

1큰술   1/2큰술   1/3큰술

【 밥숟가락 장류 계량 】

1큰술   1/2큰술   1/3큰술

우유 1컵

불린 병아리콩 1컵

오트밀 1/2컵

【 손대중 계량 】

베이비채소 1줌

시금치 1줌

아몬드 1줌

{ 샌드위치 포장법 }

샌드위치를 포장할 때 일반 랩이나 종이포일 대신 매직랩을 사용해보세요. 밀착력이 좋아 포장하기 쉽고 방수가 잘 되어 소스가 흐르지 않아요.

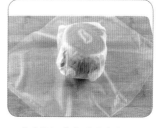

1. 매직랩을 정사각형으로 잘라 끈끈한 부분이 바닥면과 맞닿게 펼치고 샌드위치를 올린다.

2. 샌드위치를 살짝 누르며 매직랩의 좌우를 당기듯 붙이고, 상하 부분도 당기듯 붙인다.

3. 매직랩을 다시 정사각형으로 잘라 끈끈한 부분이 위로 향하게 펼치고, 포장한 샌드위치의 랩이 여러 겹인 부분이 바닥에 닿게 올린 다음, 다시 상하좌우를 당기듯 붙여 포장한다.

PART 2

BREAKFAST

좋은 탄수화물로
체력을 보충하는 아침

다이어트를 한다고 해서 무조건 탄수화물을 제한하기보다는 '좋은 탄수화물'
을 적당히 섭취하는 게 중요해요. 탄수화물은 두뇌 회전에도 꼭 필요한 영양
소니까요. 저는 나른하고 바쁜 아침에는 질 좋은 탄수화물을 적은 양만 먹되,
보다 빠르게 흡수할 수 있도록 곱게 갈거나 부드럽게 조리해서 먹었어요. 그
래야 몸의 에너지를 바짝 올려주거든요. 백미보다는 잡곡밥을, 흰 빵보다는
통밀빵을, 가공식품보다는 과일이나 견과류를 먹고, 때때로 파트 6의 다양한
스무디를 아침 식사로 활용해서 하루를 건강하고 활기차게 시작해보세요.

시금치달걀오픈토스트

시금치는 채소 중에 비타민 A가 가장 많고 칼슘과 철분이 풍부해요.
그래서 다이어트 중에 올 수 있는 빈혈을 예방해줘요.
마트에서 쉽게 구할 수 있는 시금치로 간편하고 먹음직스러운 한 끼를 완성해보세요.

통밀식빵 1장
시금치 1/2줌(40g)
달걀 1개
저지방슬라이스치즈 1장
올리브유 1/3큰술

1. 시금치는 썻어 물기를 뺀다.

틀을 사용하면
달걀프라이를
예쁜 모양으로
만들 수 있어요.

2. 달군 팬에 올리브유를 두르고
   원형틀을 올려 중불에서 반숙
   달걀프라이를 만든다.

3. 마른 팬에 통밀식빵을 앞뒤로
   살짝 굽는다.

사진은 팬의
치즈가 녹으면서
빵에 붙은 것을
뒤집어서 찍은
거예요.

4. 불을 끄자마자 팬에
   슬라이스치즈-구운 식빵을
   올려서 팬의 미열로 치즈가 빵에
   녹아 붙도록 한다.

5. 빵의 치즈가 녹은 쪽에 시금치,
   달걀프라이를 올린다.

High Protein Low Carbohydrate
Diet Recipess
2

달걀찜밥

바쁜 아침에 전자레인지로 완성하는 초간단 요리예요.
달걀과 채소, 두유가 밥을 부드럽게 만들어줘 밥이 잘 넘어가지 않는 아침에도 보들보들 촉촉하게 먹을 수 있어요. 또 밥을 조금만 넣고 만들어도 오전 내내 속이 든든하답니다.
향긋한 카레가루도 조금 넣어서 영양으로 꽉 찬 한 그릇을 완성해보세요.

>> ingredients

달걀 1개
잡곡밥 1/3공기(80g)
브로콜리 1/5개(50g)
당근 50g
저지방슬라이스치즈 1/2장
카레가루 1/2큰술
무가당두유 1/2컵(100ml)

1. 달걀은 잘 풀고,
당근, 브로콜리는 잘게 다진다.

2. 두유에 카레가루를 섞는다.

3. 내열용기에 잡곡밥, 당근,
브로콜리를 넣고 카레, 두유,
달걀물을 붓고 치즈를 올린다.

4. 그릇에 랩을 씌우고
젓가락으로 구멍을 뚫은 다음,
전자레인지에서 1분 30초간
가열한다.

바나나단백질팬케이크

다이어트를 결심하고 사둔 선식이나 프로틴가루는 어느 정도 먹다 보면 꼭 남기 마련이에요.
이제 버리지 말고 바나나, 달걀과 섞어보세요. 맛도 좋고 영양가도 높은 바나나 팬케이크로 변신한답니다.
저지방요거트와 과일까지 올리면 카페 디저트가 부럽지 않을 거예요.

>> ingredients

바나나 1+1/3개
달걀 1개
프로틴가루 2큰술
(혹은 선식)
피칸 6개
카카오닙스 1/2큰술
코코넛오일 1큰술
저지방요거트 1큰술
딸기 1/2개

1. 바나나 1개는 포크로 으깬다.

2. 으깬 바나나에 프로틴가루,
달걀을 넣고 잘 섞는다.

카카오닙스는
선택 재료이니
없으면 넣지
않아도 돼요.

3. 피칸을 부수어 카카오닙스와
함께 반죽에 섞는다.

4. 달군 팬에 코코넛오일을 두르고
반죽을 1+1/2큰술씩 넣어
노릇하게 굽는다.

5. 팬케이크를 쌓아 올리고
저지방요거트를 뿌린 다음, 남은
바나나 1/3개, 딸기로 장식한다.

미니's Tip
*

팬케이크를 프라이팬으로 구울
시간이 없다면 반죽에 랩을 씌
우고 젓가락으로 구멍을 뚫어
전자레인지에서 3분간 익혀 먹
어도 맛있어요.

단호박영양죽

다이어트와 변비에 좋은 식품으로 잘 알려진 단호박은 버릴 게 하나도 없어요.
껍질에는 페놀산 성분이 풍부해서 노화를 방지하고 암을 예방하거든요.
단호박 알맹이는 갈아서 죽을 만들고, 껍질은 푹 쪄서 그릇으로 활용할 거니까 껍질까지 맛있게 먹어요.

>> ingredients

단호박 1/2개(280g)
잡곡밥 30g
저지방우유 2/3컵(130ml)
소금 약간
저지방슬라이스치즈 1장

전자레인지
출력에 따라 익는
시간이 다르니
푹 익을 때까지
가열해요.

1. 단호박을 비닐팩에 넣고 비닐을
   돌돌 돌려 느슨히 봉한 다음,
   전자레인지에서 3분 30초간
   가열한다.

2. 익은 단호박은 씨를 제거하고
   속을 적당히 파내어 그릇처럼
   만든다.

3. 믹서에 파낸 단호박 속, 잡곡밥,
   소금, 저지방우유를 넣고 잘
   간다.

4. 단호박 그릇에 믹서에 간
   단호박죽을 붓고 치즈를 올린
   다음, 전자레인지에서 1분간
   가열한다.

미니's Tip

죽을 다 먹고 나서 단호박 그릇
은 절반 정도 남겨두었다 간식
으로 먹으면 좋아요.

과일케일스무디볼

따로따로 먹어도 좋지만, 함께 먹으면 건강에도 좋고 한결 맛있게 먹을 수 있는 음식이 있어요.
과일스무디볼도 그중 하나인데요. 보기 좋은 떡이 먹기도 좋듯이 낮은 볼에 자신만의 스타일대로
토핑을 얹어 즐겨보세요. 정성스러운 담음새 덕분에 기분도 좋아지고 몸도 가벼워집니다.

케일 2장
바나나 1개
딸기 3개
블루베리 1/2줌
아몬드 1줌
뮤즐리 1줌
카카오닙스 1+1/2큰술
햄프시드 1큰술
저지방우유 1/2컵(100ml)
저지방요거트 4큰술

1. 믹서에 케일, 바나나 1/2개, 저지방요거트, 저지방우유를 넣고 잘 간다.

2. 나머지 바나나 1/2개는 동그랗게 썰고, 딸기는 모양 살려 2등분하고, 블루베리는 잘 씻는다.

카카오닙스, 햄프시드는 선택 재료이니 없으면 넣지 않아도 돼요.

3. 오목한 접시에 케일요거트를 담는다.

4. 바나나, 딸기, 블루베리를 올리고, 아몬드, 뮤즐리, 카카오닙스, 햄프시드를 취향껏 올린다.

사과땅콩버터토스트

다이어트 요리에 땅콩버터가 웬 말이냐고요? 땅콩버터는 의외로 다이어트에 이로운 식품이에요.
단일불포화지방과 단백질 함량이 높은 데다 조금만 먹어도 포만감이 오래 지속되거든요.
하루 2숟갈 이상만 먹지 않으면 됩니다. 사과와 땅콩버터의 조합으로 아침을 달콤하게 시작해보세요.

>> ingredients

통밀식빵 1장
사과 1/4개
땅콩버터 1/2큰술
아몬드 3개
피칸 3개
카카오닙스 1/2큰술
햄프시드 1/3 큰술
시나몬가루 약간

1. 마른 팬에 통밀식빵을 넣고
양면을 노릇하게 굽는다.

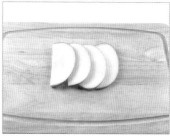

2. 사과는 껍질째 얇게 썬다.

카카오닙스는
선택 재료이니
없으면 넣지
않아도 돼요.

3. 식빵 한 면에 땅콩버터를 얇게
펴바르고 카카오닙스를 뿌린다.

햄프시드는
선택 재료이니
없으면 넣지
않아도 돼요.

4. 식빵 위에 사과, 견과류를
올리고 햄프시드, 시나몬가루를
뿌린다.

고구마에그슬럿

다이어트 식품의 대표주자인 고구마와 달걀. 자주 먹다 보면 분명 물리는 날이 올 거예요.
그럴 땐 촉촉한 고구마에그슬럿으로 기분 전환을 해보세요. 고구마와 달걀이 만나 맛과 영양의
새로운 시너지를 만들어낸답니다. 급할 땐 전자레인지로,
시간 날 땐 촉촉하게 쪄서 드시는 걸 추천합니다.

>> ingredients

고구마 1개(120g)
달걀 1개
아몬드 1/2줌(15g)
저지방우유 4큰술
물 1큰술
후춧가루 약간
파슬리가루 약간
크러쉬드레드페퍼 약간
(혹은 고춧가루)

1. 고구마는 필러로 껍질을 벗겨 한입 크기로 썰고, 아몬드는 굵게 다진다.

2. 내열용기에 고구마와 물을 넣고 랩을 씌워 젓가락으로 구멍을 뚫은 다음, 전자레인지에서 2분간 가열한다.

3. 익은 고구마는 포크로 으깨고 아몬드, 저지방우유를 넣고 잘 섞는다.

달걀을 올리기 전 저지방슬라이스치즈 1장을 얹어도 맛있어요.

4. 섞은 고구마 윗면을 평평하게 다듬고 그 위에 달걀을 깨서 올린다.

냄비에 그릇의 2/3 정도가 잠길 정도만 물을 채워요.

5. 냄비에 물을 붓고 고구마 그릇을 올려 뚜껑 덮어 중불에서 8분간 찐 다음, 파슬리가루, 크러쉬드레드페퍼를 뿌린다.

미니's Tip

*

냄비로 찌는 대신 전자레인지를 사용할 땐 달걀노른자를 터뜨리고 랩을 씌워 2분 30초간 가열하세요.

양배추달걀간장밥

위에 좋기로 소문난 양배추, 식이섬유와 수분도 많고 열량도 낮은 데다 포만감까지 주니,
이렇게 기특한 채소가 또 있을까요? 저는 생으로 먹기보다는 무르지 않게 살짝 익혀서 밥을 적게 넣은
달걀간장밥에 섞어 먹어요. 양배추의 흡수율을 높이면서 속도 편안한 한 끼, 미니가 보장할게요.

>> ingredients

양배추 100g
달걀 1개
잡곡밥 1/3공기(80g)
간장 1/2큰술
올리브유 1/3큰술

1. 양배추는 곱게 채 썬다.

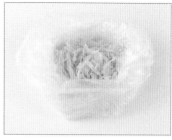

2. 양배추를 비닐팩에 넣고 비닐을 돌돌 돌려 느슨히 봉한 다음, 전자레인지에서 1분 30초간 가열한다.

간장은 약간만 섞어서 싱겁게 비벼 먹어요.

3. 달군 팬에 올리브유를 두르고 달걀프라이를 만든다.

4. 그릇에 잡곡밥을 담고 익힌 양배추, 달걀프라이를 올리고 간장을 곁들인다.

참치김치오트밀죽

귀리를 압착시켜 만든 오트밀은 식이섬유가 풍부해 다이어트에 좋은 식품이에요.
물이나 우유를 섞어 전자레인지에 가열하기만 하면 되니까 바쁜 아침에도 따끈하고 든든한
한 끼를 책임져준답니다. 바쁜 직장인 다이어터의 아침 도시락으로 추천합니다.

참치통조림 1/3캔(30g)
퀵오트(오트밀) 1/2컵(30g)
김치 작은 이파리 1장(20g)
주키니호박 1/7개(30g)
후춧가루 약간
물 2/3컵(70ml)

1. 참치는 체에 밭쳐 끓는 물을 붓고 기름기를 제거한다.

2. 김치는 물에 헹궈 다지고, 주키니도 같은 크기로 다진다.

3. 내열용기에 참치, 김치, 주키니, 퀵오트를 넣고 후추를 뿌린다.

4. 물을 붓고 잘 섞어서 랩을 씌우고, 젓가락으로 구멍을 뚫은 다음, 전자레인지에서 1분간 가열한다.

미니's Tip
*

요리에 쓰인 퀵오트는 홀오트(통귀리) 입자를 잘게 분쇄한 제품으로 빨리 익고 씹는 맛이 부드러워요. 바쁘고 입맛 없는 아침에 죽처럼 술술 떠먹기 좋아요.
홀오트는 볶아서 간식으로 먹거나 잡곡밥을 지을 때 넣어요.
스틸컷오트는 홀오트를 3조각으로 분쇄해서 소화가 수월하고 단독으로 밥을 지어도 흘날리지 않아요.
롤링오트는 홀오트를 압착해서 만든, 우리가 흔히 말하는 오트밀이에요. 물이나 우유와 함께 끓이거나 전자레인지에 가열해 먹어요. 퀵오트보다 조리시간이 조금 더 걸리지만 그만큼 씹는 맛을 즐길 수 있어요.

아보카도토마토치즈토스트

숲속의 버터 아보카도와 슈퍼푸드의 대표주자 토마토, 맛의 정점을 찍어줄
블랙올리브와 치즈만 있으면 맛과 영양은 물론 눈이 먼저 즐거워지는 요리를 만들 수 있어요.
간단한 조리법이지만 건강한 피자 맛까지 즐길 수 있는 건 덤이랍니다.

ingredients

통밀식빵 1장
아보카도 1/2개(80g)
토마토 1/2개(70g)
블랙올리브 2개
피자치즈 1줌(20g)

손이나 칼로 껍질을 벗긴 다음 썰어도 좋아요.

1. 토마토는 둥글게 3등분하고, 블랙올리브는 동그란 모양을 살려 썬다.

2. 아보카도는 세로로 칼집을 내고 숟가락으로 가장자리부터 들어 올리듯이 퍼낸다.

3. 마른 팬에 통밀식빵을 한쪽 면만 살짝 굽고 잠시 불을 끈다.

4. 식빵을 뒤집어 아보카도 - 토마토 - 올리브 - 치즈 순으로 올린다.

5. 뚜껑을 덮고 치즈가 녹을 때까지 약불로 굽는다.

사과바나나포리지

동양에 죽이 있다면 서양에는 오트밀에 물과 우유를 섞어서 끓인 '포리지'가 있어요.
저는 오트밀에 바나나, 저지방우유를 섞어서 달콤하고 부드러운 포리지를 만들 건데요.
아침에 먹으면 몸에 더 좋은 사과를 토핑으로 올려서 아침을 상쾌하게 깨워줄 거예요.

퀵오트(오트밀) 1/2컵(30g)
저지방우유 1컵(200ml)
사과 1/3개(90g)
바나나 1/2개(50g)
블루베리 1줌(20g)
아몬드 1/2줌(15g)
햄프시드 1/3큰술

1. 바나나는 한입 크기로 썬다.

2. 사과는 껍질째 납작하게 한입
크기로 썰고, 블루베리와
아몬드를 준비한다.

3. 내열용기에 바나나, 퀵오트,
저지방우유를 넣고 잘 섞어서
랩을 씌우고, 젓가락으로 구멍을
뚫은 다음, 전자레인지에서
1분간 가열한다.

햄프시드는
선택 재료이니
없으면 넣지
않아도 돼요.

4. 사과, 블루베리, 아몬드를 올리고
햄프시드를 솔솔 뿌린다.

병아리콩당근수프

비가 오거나 쌀쌀한 날씨에 몸과 마음을 따뜻하게 해주는 수프예요.
고소하고 영양이 가득한 병아리콩에 당근을 섞어서 끓이면 훨씬 먹음직스러운 색의 수프가 만들어져요.
당근을 푹 익힌 다음 곱게 갈아 조리해서 당근을 싫어하는 분도 맛있게 먹을 수 있어요.

ingredients

병아리콩통조림 2/3컵(70g)
(혹은 삶은 병아리콩)
당근 1/2개(90g)
작은 양파 1/2개(50g)
코코넛밀크 1컵(200ml)
(혹은 저지방우유)
코코넛오일 1큰술
소금 약간
물 1컵(200ml)

병아리콩을 직접 삶는 법은 31쪽을 참고하세요.

1. 병아리콩통조림은 헹궈서 물기를 빼고, 당근은 둥글게, 양파는 채 썬다.

2. 냄비에 코코넛오일을 두르고 양파가 반투명해질 때까지 볶는다.

당근, 양파, 물은 살짝 식혀서 사용해요.

3. 볶은 양파에 당근과 물을 넣고 끓여 당근을 살짝 익힌다.

4. 믹서에 병아리콩, 양파, 당근, 끓인 물을 넣고 잘 간다.

5. 냄비에 믹서에 간 재료, 코코넛밀크, 소금을 넣고 중불에서 저어가며 끓인다.

견과류품은아보카도

저는 다이어트 중에 조금만 먹어도 포만감이 느껴지는 아보카도와 견과류를 많이 먹었어요.
식욕 억제, 체중과 혈당 조절에도 도움이 되니 어떻게든 챙기려고 했죠.
저처럼 아보카도 씨를 빼고 남은 자리에 견과류를 넣고 랩으로 감싸 휴대해보세요.
회사에서 아침이나 간식으로 즐기기에 최고랍니다.

>> ingredients

아보카도 1/2개
아몬드 5개
캐슈넛 3개
피칸 2개
후춧가루 약간
크러쉬드레드페퍼 약간
레몬즙 약간

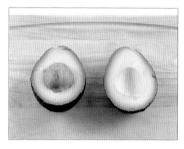

1. 아보카도는 칼로 둥글게 칼집을
   낸 다음 손으로 비틀어 반으로
   쪼갠다.

2. 아보카도 씨가 붙어 있는 쪽은
   레몬즙을 바르고 랩에 싸서 냉장
   보관한다.

3. 아보카도를 손으로 잡고 과육을
   바둑판 모양으로 칼집을 낸다.

4. 후춧가루, 크러쉬드레드페퍼를
   뿌리고 아몬드, 캐슈넛, 피칸을
   올린다.

미니's Tip

＊

간식으로 싸갈 때는 완성된 그
대로 랩으로 감싸서 포장해요.

병아리콩요거트볼

콩 특유의 비린내가 없고 고소한 맛이 밤과 비슷한 병아리콩은 상큼한 요거트와도 잘 어울려요.
여기에 감미로운 바나나와 땅콩버터, 오독오독한 견과류와 카카오닙스까지 곁들이면
맛도 좋고 다양한 식감이 재밌어서 즐겨 찾는 레시피가 될 거예요.

병아리콩통조림 1/2컵(50g)
(혹은 삶은 병아리콩)
저지방요거트 5큰술(100g)
바나나 1개
아몬드 6개
피칸 3개
카카오닙스 1/2큰술
땅콩버터 1/2큰술

1. 바나나는 먹기 좋게 썬다.

병아리콩을
직접 삶는 법은
31쪽을
참고하세요.

2. 그릇에 요거트를 담고 바나나,
   병아리콩, 견과류를 올린다.

카카오닙스는
선택 재료이니
없으면 넣지
않아도 돼요.

3. 카카오닙스를 뿌리고
   땅콩버터를 얹는다.

PART 3

LUNCH

○○○○○○○○○○○○○○○○○○○○○○○○

고단백으로
저녁까지 배고프지 않은 점심

활동량이 가장 많은 점심에는 단백질이 듬뿍 들고 탄수화물, 식이섬유까지 골고루 갖춘 식단을 실천했어요. 하루를 지치지 않게 보내려면 든든한 점심이 꼭 필요하더라고요. 특히, 점심 때 각종 영양소를 골고루 먹어서 다이어트의 가장 위험 요소인 저녁 폭식을 예방할 수 있었어요. 채소와 고기, 각종 유제품 덕분에 늦은 오후까지 배고프지 않은 식단, 다이어트에 집중하느라 일상이 지루해졌을 때 먹는 재미까지 주는 맛있는 음식으로 오늘 점심에도 건강하게 다이어트 해봐요.

High Protein Low Carbohydrate
Diet Recipes
15

무지개샌드위치

SNS에서 문의가 많았던 인기 샌드위치예요. 형형색색으로 빼곡하게 줄선 채소 덕분에
당장이라도 한입 베어 물고 싶을 만큼 먹음직스러워 보이죠? 치즈와 달걀노른자의 고소한 맛,
살짝 뿌린 허브솔트의 감칠맛, 양파의 매운맛까지, 소스가 없어도 맛있는 완벽한 샌드위치를 경험해보세요.

호밀식빵 2장
완조리닭가슴살 50g
달걀 1개
저지방슬라이스치즈 1장
케일 5장
당근 1/4개(50g)
빨간파프리카 1/2개(50g)
적양파 1/4개(30g)
올리브유 1/2큰술
허브솔트 약간

1. 케일은 씻어서 물기를 뺀다.

2. 당근, 파프리카, 양파는 가늘게
   채 썬다.

노른자 안쪽만
살짝 덜 익어야
샌드위치 안에서
터지지 않아요.

3. 달군 팬에 올리브유를 두르고
   노른자가 살짝 덜 익게
   양면을 달걀프라이를 한 다음,
   허브솔트를 뿌린다.

4. 마른 팬에 호밀식빵 2장을
   앞뒤로 노릇하게 굽는다.

닭가슴살이
두꺼우면
반으로 저며서
사용하세요.

5. 매직랩을 깔고 호밀식빵 1장
   -슬라이스치즈-닭가슴살을
   올린다.

미니's Tip
*
빵과 맞닿는 부분에는 치즈나
수분 없는 잎채소를 두어야 샌
드위치가 눅눅해지지 않아요.

6. 무지개색 순서로 빨간파프리카-
   당근-달걀-적양파-케일을
   올리고 식빵 1장으로 덮는다.

33쪽
샌드위치
포장법을
참고하세요.

7. 랩으로 포장한 샌드위치를
   반으로 잘라 아침과 점심, 혹은
   점심과 간식으로 나누어 먹는다.

매콤훈제오리볶음밥

마트에서 파는 훈제오리는 손질할 필요 없이 간편하게 먹을 수 있는 단백질 식재료예요.
훈제오리 자체에서 나오는 오리기름과 어느 정도의 짠맛 때문에 별다른 기름이나
소스가 없어도 볶음밥을 맛있게 만들 수 있답니다. 아삭한 채소도 듬뿍 넣고 볶아주세요.

>> ingredients

훈제오리 50g
양배추 80g
양파 1/4개(30g)
청양고추 1개
잡곡밥 80g
스리라차소스 1/3큰술
어린잎채소 2줌(40g)
방울토마토 1개
햄프시드 1/3큰술

1. 훈제오리, 양배추는 먹기 좋은 크기로 썰고, 양파, 청양고추는 다진다.

2. 어린잎채소는 씻어서 체에 밭쳐 물기를 빼고, 방울토마토는 잘 씻는다.

오리에서 기름이 나오니 기름을 따로 두르지 않아요.

3. 달군 팬에 훈제오리, 양파, 청양고추를 넣고 볶는다.

4. 잡곡밥, 양배추, 스리라차소스를 넣고 볶는다.

햄프시드는 선택 재료이니 없으면 넣지 않아도 돼요.

5. 햄프시드를 뿌리고 어린잎채소, 방울토마토를 곁들인다.

· 미니's TIP ·

*

쌀국수에 곁들이는 매콤한 스리라차소스는 다이어트 음식이 물릴 때 함께 넣고 조리하거나 찍어 먹으며 다양하게 활용할 수 있어요. 매운맛을 좋아하는 분들에게 강력 추천합니다.

시금치돼지고기카레

인도카레나 일본카레를 파는 음식점에 가면 시금치가 들어간 카레를 자주 볼 수 있어요.
시금치 향도 나지 않는 데다 부드럽고 이국적인 맛이라 자주 시켜 먹곤 했지요. 영양 많은 시금치 한 줌,
칼로리 높은 생크림 대신 코코넛밀크나 두유를 넣어서 풍부한 맛의 카레를 집에서 즐겨요.

돼지고기(목살) 65g
잡곡밥 70g
삶은 달걀 1/2개
시금치 1줌(45g)
양파 1/4개(30g)
당근 1/6개(20g)
고형카레 2/3개(20g)
무가당두유 1+1/2컵(300ml)
코코넛밀크 1/2컵(100ml)
(혹은 무가당두유 추가)
코코넛오일 1큰술

1. 양파, 당근, 돼지목살은 먹기
   좋은 크기로 썬다.

2. 믹서에 시금치, 무가당두유를
   넣고 곱게 간다.

3. 달군 팬에 코코넛오일을 두르고
   양파를 볶는다.

4. 돼지목살, 당근을 넣고 살짝
   볶는다.

고형카레는
잘게 썰어서
넣으면 더 빨리
잘 녹아요.

5. 갈아놓은 시금치두유와
   코코넛밀크, 고형카레를 넣고
   끓인다.

6. 짙은 초록색이 될 때까지
   중불에서 5분간 저어가며
   끓이고 잡곡밥, 삶은 달걀을
   곁들인다.

땅콩버터원팬크림파스타

라면 끓이듯 팬 하나로 간단히 만드는 원팬파스타를 알려드려요.
팬에 무가당두유와 땅콩버터를 넣고 끓이다가 삶지 않은 통밀파스타를 함께 넣어 끓이면 완성!
특히 땅콩버터는 예상외로 나쁜 콜레스테롤을 없애주고 단백질 함량이 높아 다이어트를 돕는 식품이에요.
꾸덕한 식감 덕에 포만감이 어마어마하답니다.

통밀푸실리 30g
양송이버섯 2개
양파 1/2개(60g)
주키니호박 1/4개(100g)
청양고추 1개
땅콩버터 1큰술
무가당두유 2컵(400ml)
코코넛오일 1/2큰술
허브솔트 약간

1. 양송이버섯, 청양고추는 모양 살려 썰고, 주키니는 반달 모양으로 썰고, 양파는 굵게 다진다.

2. 달군 팬에 코코넛오일을 두르고 양파, 청양고추를 볶는다.

3. 무가당두유, 땅콩버터를 넣고 땅콩버터가 녹을 때까지 저어가며 끓인다.

4. 삶지 않은 푸실리, 주키니, 버섯을 넣고 중불에서 저어가며 익히고 허브솔트로 간한다.

아보카도닭가슴살랩

샌드위치와 비슷하지만 만드는 것도 먹는 것도 조금 더 편한 음식이 토르티야랩이에요.
일정이 바쁠 때면 몇 개씩 둘둘 말아 싸가지고 다니면서 어디서든 간편하게 꺼내어 먹곤 했어요.
닭가슴살과 아보카도, 치즈에 양파, 토마토, 올리브까지 들어가니 맛은 설명할 필요가 없겠죠?

>> ingredients

통밀토르티야 1장
완조리닭가슴살 50g
아보카도 1/2개
양파 1/4개(30g)
토마토 1/2개(50g)
블랙올리브 2개
케일 2장
저지방슬라이스치즈 1장
후춧가루 약간

1. 케일은 씻어 물기를 뺀다.

2. 완조리닭가슴살, 토마토, 양파, 블랙올리브는 먹기 좋게 다진다.

3. 내열용기에 닭가슴살, 치즈를 넣고 랩을 씌워 전자레인지에서 30초간 가열한다.

4. 아보카도를 숟가락으로 파내어 닭가슴살이 담긴 그릇에 넣고 포크로 으깨가며 섞는다.

5. 토마토, 양파, 올리브, 후춧가루를 넣고 잘 섞는다.

토르티야의 가장자리와 위아래 부분은 재료를 얹지 말고 남겨두세요.

6. 토르티야에 케일 2장을 펼쳐 올리고 섞은 속재료를 평평하게 올린다.

7. 돌돌 말아 양쪽 끝부분을 이쑤시개로 고정하고 반으로 자른다.

참치두부마요비빔밥

지방 함량이 과도한 마요네즈는 다이어트 중에 자제해야 할 고열량 식품이에요.
그래서 두부를 이용해 크리미한 식감은 살리고, 지방 함량은 확 줄인 두부마요네즈를 만들어
먹곤 했답니다. 참치 기름을 쫙 빼고 고소한 두부마요를 넣어 비벼 먹으면 한입 한입이 정말 꿀맛이에요.

참치통조림 2/3캔(60g)
잡곡밥 100g
달걀 1개
양파 1/2개(60g)
올리브유 1/2큰술
간장 1/3큰술

두부마요네즈

두부 1/2모(150g)
올리브유 3큰술
레몬즙 2큰술
올리고당 1/2큰술
캐슈넛 1/2줌(15g)
무가당두유 5큰술
소금 약간

미니's Tip

*

남은 두부마요네즈는 스틱채소
를 찍어 먹는 딥으로, 샌드위치
를 만들 때 빵에 바르는 스프
레드로 활용해도 좋아요.

1. 참치는 체에 밭쳐 끓는 물을
붓고 기름기를 제거한다.

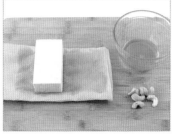

2. 두부는 물기를 꼭 짜고, 믹서에
두부와 나머지 재료를 넣고 잘
갈아 두부마요네즈를 만든다.

3. 양파는 채 썰고, 달걀은 잘 푼다.

4. 달군 팬에 올리브유를 두르고
양파, 간장을 넣고 볶아
덜어둔다.

와사비를
넣고 함께 비벼
먹어도
맛있어요.

5. 같은 팬에 올리브유를 두르고
중불에서 달걀물을 젓가락으로
휘저어가며 스크램블드에그를
만든다.

6. 그릇에 잡곡밥을 담고 양파를
올린다.

7. 달걀을 그릇 가장자리에 빙 둘러
담고 가운데에 참치를 올린
다음, 두부마요네즈 2큰술을
곁들인다.

닭가슴살볼두유리소토

다이어트 중에도 가끔 느끼한 게 당기는 날이 있잖아요. 저는 그럴 때마다 무가당두유와
저지방슬라이스치즈로 두유크림리소토를 만들어 먹으며 외식하는 기분을 내곤 했어요.
생닭가슴살 대신 완전히 익혀서 나오는 닭가슴살볼이나 닭가슴살 식품으로 만들면 요리가 한결 수월해져요.

ingredients

닭가슴살볼 60g
잡곡밥 70g
양송이버섯 3개
마늘 5개
브로콜리 40g
당근 20g
저지방슬라이스치즈 1장
무가당두유 1컵(200ml)
올리브유 1/2큰술
허브솔트 약간

닭가슴살볼 대신 삶거나 훈제한 닭을 써도 좋아요.

1. 닭가슴살볼은 해동하여 반으로 썰고, 양송이버섯은 모양 살려 썬다.

2. 마늘은 편 썰고, 브로콜리는 작은 한입 크기로 썰고, 당근은 다진다.

3. 달군 팬에 올리브유를 두르고 마늘을 볶는다.

4. 닭가슴살볼, 브로콜리, 당근, 양송이버섯을 넣고 볶는다.

5. 잡곡밥, 두유, 슬라이스치즈, 허브솔트를 넣고 저어가며 두유가 살짝 졸아들 때까지 끓인다.

샐러드밥

닭가슴살샐러드는 다이어트 하는 모든 분들이 정말 자주 먹는 메뉴예요.
든든하게 챙겨야 할 점심으로는 살짝 모자랄 수도 있어서 잡곡밥과 함께 비벼 먹는
샐러드밥으로 바꿔봤어요. 발사믹드레싱과 상큼한 양파가 어우러진 조합은 먹어본 분들은
고개를 끄덕일 만큼 환상의 맛을 자랑합니다.

>> ingredients

닭가슴살볼 60g
샐러드채소 70g
잡곡밥 120g
방울토마토 4개
양파 1/4개(30g)

발사믹드레싱
발사믹식초 2큰술
올리브유 1큰술
올리고당 1/3큰술

1. 샐러드채소는 씻어서 체에 밭쳐
물기를 빼고 먹기 좋게 뜯는다.

2. 방울토마토는
2등분하고, 양파는
굵게 다진다.

다진 양파를
물에 잠시
담가두면 매운맛이
사라져요.

3. 발사믹드레싱 재료를 잘 섞는다.

4. 그릇에 잡곡밥을 담고
샐러드채소를 그릇 가장자리에
빙 둘러 담는다.

5. 닭가슴살볼, 양파, 방울토마토를
올리고 발사믹드레싱을 뿌린다.

훈제연어베이글

훈제연어와 베이글의 만남이라니, 말만 들어도 군침이 돌지 않나요?
그대로 따라 만들면 시중에 파는 베이글의 맛 이상을 낼 거라고 자부해요. 다이어트도 맛있게 할 수 있어요!
한꺼번에 두 쪽을 다 먹지 말고 아침과 점심 혹은 점심과 간식으로 반쪽씩 나누어 드세요.

>> ingredients

통밀베이글 1개
훈제연어 70g
적양파 1/6개(25g)
양상추 2장(70g)
저지방크림치즈 1큰술(20g)
파슬리가루 약간

1. 양상추는 씻어서 체에 밭쳐
   물기를 뺀다.

2. 양파는 잘게 다지고,
   블랙올리브는 모양 살려 썬다.

3. 볼에 크림치즈, 양파,
   파슬리가루를 넣고 잘 섞는다.

4. 베이글은 반 갈라 마른 팬에
   넣고 양면을 살짝 굽는다.

5. 베이글 중 납작한 아랫면에
   섞어둔 크림치즈를 바르고
   블랙올리브를 얹는다.

미니's Tip
*
일반 랩이나 종이포일 대신 접
착력이 강한 매직랩을 사용하
면 샌드위치를 탄탄하고 깔끔
하게 포장할 수 있어요.

6. 연어, 양상추를 올리고 나머지
   베이글을 올려 덮는다.

33쪽
샌드위치
포장법을
참고하세요.

7. 매직랩 위에 베이글을 올린 다음,
   단단히 포장하고 먹기 좋게
   반으로 자른다.

토마토칠리두부덮밥

토마토를 올리브유에 볶아 먹으면 생으로 먹을 때보다 항산화 성분인 리코펜 흡수율이 높아지고요,
두부를 얼려서 먹으면 일반 두부보다 단백질 함량이 2배나 높아진대요.
재료의 영양가를 하나도 남김없이 몸에 쏙쏙 흡수하게 도와주는 요리로 에너지를 보충해봐요.

>> ingredients

토마토 1개(140g)
얼린두부 1/3모(100g)
양파 1/2개(60g)
잡곡밥 80g
스리라차소스 1/2큰술
바질가루 1/3큰술
올리브유 1/2큰술
물 1컵(200ml)

팩두부를 반나절 이상 냉동실에 얼렸다가 해동하여 물기를 꼭 짜서 사용해요.

1. 토마토와 양파, 얼린두부를 먹기 좋은 크기로 썬다.

2. 달군 팬에 올리브유를 두르고 양파를 볶다가 토마토를 넣어 볶는다.

잡곡밥 없이 두부 양을 약간 늘려서 저녁으로 먹어도 좋아요.

3. 얼린두부, 스리라차소스, 바질가루, 물을 넣고 물이 살짝 졸아들 때까지 볶는다.

4. 볶은 토마토칠리두부를 잡곡밥과 곁들인다.

미니's Tip

*

두부는 두부 높이만큼 물을 부어 얼리거나 물기를 빼고 얼려요. 팩두부는 소포제와 유화제가 첨가되지 않은 제품으로, 그대로 팩째 얼려도 좋아요. 해동할 때 따뜻한 물에 2~3시간 정도 담가두세요.

돼지고기숙주볶음면

매일 닭으로 만든 다이어트 식품만 먹다 보면 지겹잖아요. 그럴 땐 돼지목살이나
돼지 안심으로 요리해봐요. 여기에 95%가 수분이고 지방 분해 성분까지 있는 숙주를 가득 넣으면
이국적이고 푸짐한 볶음면을 만들 수 있어요. 만들기 쉽고 맛까지 좋은 요리가
다이어트의 일상을 잠시 잊게 해줄 거예요.

>> ingredients

돼지목살 70g
통밀국수 40g
숙주 1줌(80g)
시금치 1+1/2줌(50g)
당근 1/5개(40g)
마늘 4개
올리브유 1/2큰술
굴소스 1/2큰술
후춧가루 약간
물 1/2컵(100ml)

1. 숙주는 씻어서 체에 밭쳐 물기를 뺀다.

2. 시금치는 먹기 좋게 다듬고, 당근은 길게 채 썬다.

> 돼지고기를 채 썰거나 아예 가느다란 잡채용 돼지고기를 사면 빨리 익힐 수 있어요.

3. 돼지목살은 한입 크기로 썰고, 마늘은 편 썬다.

4. 끓는 물에 통밀국수를 넣고 살짝 덜 익도록 2분간 삶아 찬물에 헹군 다음, 체에 밭쳐 물기를 뺀다.

미니's Tip

*

숙주는 콩나물처럼 푹 익히면 아삭한 식감이 사라지고 국수에 물이 많이 생기니 가장 마지막에 넣고 재빨리 볶아주세요.

5. 달군 팬에 올리브유를 두르고 마늘을 볶다가 돼지목살, 당근, 후춧가루를 넣고 볶는다.

6. 돼지고기가 다 익으면 숙주, 시금치, 통밀국수, 굴소스, 물을 넣고 재빨리 섞듯이 볶는다.

카레맛달걀덮밥

다이어트 요리를 할 때 카레가루를 적당량 사용하면 여러모로 도움이 돼요.
카레가루에 함유된 카테콜라민이 지방 대사를 촉진해 다이어트를 돕고, 요리의 밋밋한 맛과 향을
감칠맛 나게 만들어줘요. 부드러운 카레맛 스크램블드에그 속에서 브로콜리와 양파 씹는 맛도 즐겨보세요.

>> ingredients

달걀 2개
현미밥 80g
브로콜리 1/4개(40g)
양파 1/2개 (60g)
카레가루 1큰술
저지방우유 3큰술
코코넛오일 1/2큰술

1. 양파, 브로콜리는 다진다.

2. 저지방우유에 카레가루를 섞은
다음, 달걀을 넣고 잘 푼다.

다양한 채소를
추가해서 현미밥
없이 저녁으로
먹어도 좋아요.

3. 달군 팬에 코코넛오일을 두르고
양파를 볶다가 브로콜리를 넣어
볶는다.

4. 카레달걀물을 넣고
스크램블드에그를 만들듯이
젓가락으로 휘저어가며 볶아서
현미밥과 곁들인다.

아보카도낫토밥

한 번 빠지면 헤어나기 힘든 마성의 음식 낫토. 세계 5대 슈퍼푸드로 꼽힐 만큼
단백질과 유산균, 식이섬유가 풍부한 완전식품이죠. 여기에 믿고 먹는 조합인 아보카도와
달걀노른자를 곁들이고, 느끼한 맛을 잡아줄 상큼한 양파를 더한다면 한국인 입맛에 딱 맞아요.

채 썬 양파를
물에 잠시
담가두면 매운맛이
사라져요.

1. 양파는 가늘게 채 썬다.

2. 아보카도는 원하는 크기로
칼집을 내고 숟가락으로
가장자리를 들어올리듯 퍼낸다.

3. 그릇에 잡곡밥을 담고 채 썬
양파, 아보카도를 올린다.

4. 낫토를 젓가락으로 휘저은 후
낫토팩 안에 든 겨자, 간장을
낫토에 넣어 버무린다.

5. 달걀노른자를 올리고 섞어서
끈기가 생기면 먹는다.

미니's Tip

낫토는 열을 가하면 유익한 균
이 죽어버리니 최대한 가열하
지 않는 게 좋아요. 냉동 보관
하다 먹기 전날, 냉장실에서 해
동해 드세요.

새우샐러드파스타

저는 다이어트 중에도 종종 밀가루 음식을 먹었어요. 단, 좋은 탄수화물을 적당히 섭취하는 게
중요하니까 밀가루파스타 대신 통밀파스타로 직접 만들어서 먹었죠. 탱글탱글한 새우, 신선한 채소가
들어간 콜드파스타는 시간이 지나도 잘 붙지 않아서 점심 도시락으로 아주 좋아요.

>> ingredients

통밀펜네 35g
새우살 50g
샐러드채소 2줌
방울토마토 6개
블랙올리브 3개
발사믹식초 1+1/2큰술
올리브유 1큰술
후춧가루 약간

1. 샐러드채소는 씻어서 체에 밭쳐
   물기를 빼고 먹기 좋게 뜯는다.

2. 방울토마토, 블랙올리브는
   동그란 모양을 살려 썬다.

생물새우살이나
냉동새우살 모두
오래 데치면
탱글탱글한 식감이
사라져요.

3. 끓는 물에 새우살을 넣고 살짝
   데친다.

4. 끓는 물에 펜네를 넣고 8분 정도
   익힌 다음, 찬물에 헹궈 체에
   밭쳐 물기를 뺀다.

5. 펜네, 새우살, 샐러드채소,
   토마토, 올리브를 잘 섞어
   올리브유, 발사믹식초,
   후춧가루를 넣고 버무린다.

단호박달걀샌드위치

단호박 요리를 어려워하시는 분들이 많은데요, 비닐팩에 단호박을 넣고 전자레인지로 익히면
요리의 절반은 완성이에요. 단호박과 삶은 달걀을 함께 으깨고 양파와 당근으로 씹는 맛을 더해주면
맛있는 단호박샐러드가 되지요. 샐러드를 빵 위에 올려서 근사한 샌드위치로도 즐겨보세요.

>> ingredients

통밀빵 2장
단호박 1/4개(140g)
달걀 1개
저지방크림치즈 1/2큰술(10g)
적양파 1/5개(40g)
당근 1/7개(20g)
어린잎채소 1줌(20g)

전자레인지 출력에 따라 익는 시간이 다르니 푹 익을 때까지 가열해요.

1. 단호박을 비닐팩에 넣고 비닐을 돌돌 돌려 느슨히 봉한 다음, 전자레인지에서 2분 30초간 가열한다.

2. 달걀은 식초, 소금을 넣은 물에 넣고 완숙으로 삶아 껍질을 벗긴다.

3. 어린잎채소는 씻어서 체에 밭쳐 물기를 빼고, 적양파, 당근은 다진다.

4. 익은 단호박이 든 비닐팩에 삶은 달걀, 적양파, 당근을 섞는다.

5. 마른 팬에 통밀빵을 앞뒤로 살짝 구워 빵 1장의 한쪽 면에만 크림치즈를 얇게 펴바른다.

6. 크림치즈를 바른 통밀빵 위에 으깬 단호박샐러드, 어린잎채소를 올리고 나머지 통밀빵으로 덮는다.

33쪽 샌드위치 포장법을 참고하세요.

7. 매직랩을 이용해 샌드위치를 포장하고 반으로 잘라 점심과 오후 간식으로 나누어 먹는다.

채소듬뿍달걀김밥

김 위에 밥 대신 달걀지단을 깔아 탄수화물을 보다 적게 섭취할 수 있는 똑똑한 김밥이에요.
밥이 아주 조금 들어가는 대신, 채소를 듬뿍듬뿍 넣어서 아삭한 식감이 한층 돋보이지요.
부드러운 지단과 고소한 김이 채소를 조화롭게 감싸주는 고단백 저탄수화물 다이어트 영양식이랍니다.

달걀 2개
김밥김 1장
당근 1/2개(80g)
빨간파프리카 1/2개(50g)
적채 30g
깻잎 5장
잡곡밥 35g
올리브유 약간
참기름 약간
소금 약간

1. 볼에 달걀, 소금을 넣고 풀어
   달걀물을 만든다.

2. 달군 팬에 올리브유를 두르고
   달걀물을 두 번에 나누어 김의
   2/3 크기의 지단 2장을 부친다.

지단을
식히지 않고
올리면 김이
찢어지니
주의하세요.

밥 대신
닭가슴살을 썰어
넣거나 밥을 빼고
말아서 저녁으로
먹어도 좋아요.

3. 당근, 파프리카, 적채는 채 썰고,
   깻잎은 씻어 물기를 뺀다.

4. 김발 위에 김의 거친 면이
   보이게 깔고, 한 김 식힌 지단
   2장을 밥 대신 겹쳐 올린다.

5. 깻잎을 깔고 잡곡밥을 올린다.

6. 당근, 파프리카, 적채를 듬뿍
   올리고 김밥을 단단히 만다.

7. 김밥에 참기름을 약간 발라 한입
   크기로 썬다.

렌틸콩카레

렌틸콩은 단백질이 풍부하고 식이섬유, 비타민, 미네랄까지 포함되어 있어 우리 몸에 참 좋은 재료예요.
또한 다른 콩에 비해 익는 시간이 적게 들어 요리할 때도 편하고요. 렌틸콩을 카레에 넣어서
든든한 건더기로 즐기고, 카레를 수분 없이 졸여서 빵에 발라 먹는 스프레드로도 활용해보세요.

≫ ingredients

통밀빵 1조각
렌틸콩 2/3컵(100g)
양파 1/4개(30g)
당근 1/4개(50g)
고형카레 2/3개(20g)
저지방우유 1+1/2컵(300ml)
코코넛오일 1큰술

1. 렌틸콩은 잘 헹궈서 따뜻한 물에 담가 30분간 불린다.

2. 양파, 당근은 굵게 다진다.

3. 달군 냄비에 코코넛오일을 두르고 양파를 볶다가 당근을 넣어 볶는다.

고형카레는 잘게 썰어서 넣으면 더 빨리 잘 녹아요.

4. 저지방우유, 고형카레, 불린 렌틸콩을 넣고 꾸덕꾸덕해질 때까지 중불에서 끓여 통밀빵을 곁들인다.

· 미니's Tip ·

＊

렌틸콩통조림을 사용할 때 물에 헹궈서 사용하세요. 렌틸콩 대신 삶은 병아리콩이나 병아리콩통조림을 써도 좋아요.

오트밀참치전

비 오는 날 전집 앞을 지나가면 고소한 기름 냄새의 유혹을 참기가 어려웠어요.
그래서 만들어본 다이어터를 위한 고단백 부침개입니다. 식이섬유 많은 오트밀, 단백질 제왕 참치,
매운맛으로 맛의 정점을 찍어줄 양파와 청양고추로 남부럽지 않은 부침개 한 접시를 만나보세요.

>> ingredients

참치통조림 1캔(100g)
퀵오트(오트밀) 30g
달걀 1개
청양고추 2개
홍고추 1/2개
양파 1/2개(60g)
올리브유 1/2큰술

1. 참치는 체에 받쳐 끓는 물을
   붓고 기름기를 제거한다.

2. 양파, 청양고추는 다지고,
   홍고추는 모양 살려 송송 썬다.

3. 볼에 참치, 퀵오트, 양파,
   청양고추, 홍고추를 넣고
   달걀을 깨 넣어 잘 섞는다.

반죽을 동그랑땡처럼 손으로 빚어서 부치면 더 정갈해요.

4. 달군 팬에 올리브유를 두르고
   반죽을 숟가락으로 동그랗게
   올린 다음, 홍고추를 얹어
   앞뒤로 노릇하게 굽는다.

PART 4

DINNER

〜〜〜〜〜〜〜〜〜〜〜〜〜〜

탄수화물 NO!
살 안 찌는 체질로 만들어주는 저녁

아침, 점심에는 우리 몸에 꼭 필요한 좋은 탄수화물을 적당히 섭취해서 힘을
내고, 저녁에는 탄수화물을 최대한 자제하여 고단백 식품과 채소 위주로 먹는
것! 이것이야말로 저의 22kg 감량의 핵심 비법이에요. 저녁에 탄수화물을 많
이 먹으면, 에너지원으로 사용되지 않은 잉여 탄수화물이 지방 형태로 몸속에
저장되는 불상사가 생기거든요. 고단백 식품을 메인으로 활용한 샐러드부터
탄수화물이 없어도 든든하고 간편한 영양식으로, 살찔 틈조차 없는 완벽한 다
이어트 식단을 실천하세요.

토마토달걀볶음

쉽고 맛있어서 자주 해 먹기 좋은 레시피예요. TV에서 토마토와 달걀을 함께 볶아내는
중국요리를 보고 따라 한 건데, 간단한 조리법에 비해 맛이 정말 좋더라고요. 다이어트 초기에는
매일 저녁마다 먹었을 정도로 사랑하는 요리입니다. 브로콜리, 버섯 등 식감 있는 채소를 더해서 즐겨보세요.

>> ingredients

달걀 2개
토마토 1개
브로콜리 1/4개(40g)
올리브유 2/3큰술
간장 1/2큰술
바질가루 약간

보들보들한
스크램블드에그를
만들려면 달걀을
체에 한 번
걸러주세요.

1. 달걀은 잘 풀고, 토마토와
   브로콜리는 먹기 좋게 썬다.

2. 달군 팬에 올리브유 1/3큰술을
   둘러 달걀을 붓고, 중불에서
   젓가락으로 달걀을 휘저어가며
   살짝 덜 익은 스크램블드에그를
   만들어 덜어둔다.

3. 같은 팬에 올리브유 1/3큰술을
   두르고 브로콜리를 볶다가
   토마토, 간장, 바질가루를 넣어
   볶는다.

4. 브로콜리, 토마토가 익어서
   색이 진해지면 달걀을 넣고 함께
   볶는다.

날치알크림닭가슴살

퍽퍽한 닭가슴살을 부드럽게 조리하는 방법을 알려드려요. 닭가슴살을 무가당두유나
저지방우유에 넣고 졸이듯이 익히면 유제품이 고기 안에 스며들어 부드러운 크림소스 닭가슴살
요리가 된답니다. 톡톡 터지는 날치알을 곁들여서 결 따라 쭉쭉 찢어지는 고급 닭요리를 맛보세요.

>> ingredients

생닭가슴살 100g
양파 1/2개(50g)
브로콜리 1/4개(50g)
무가당두유 1+1/2컵(300ml)
날치알 1큰술
올리브유 1/2큰술
후춧가루 약간
바질가루 약간

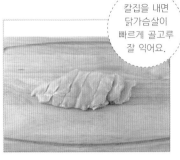

칼집을 내면
닭가슴살이
빠르게 골고루
잘 익어요.

1. 양파, 브로콜리는 먹기 좋게 썬다.

2. 생닭가슴살은 흐르는 물에 씻어 윗부분에 일정한 간격으로 깊게 칼집을 낸다.

3. 달군 팬에 올리브유를 두르고 양파, 브로콜리를 볶는다.

4. 닭가슴살, 두유, 후춧가루, 바질가루를 넣고 중불에서 끓인다.

5. 두유가 반으로 줄어들면 치즈, 날치알을 넣고 졸이듯 끓인다.

양배추쌈피칸쌈장

양배추는 샐러드, 스튜, 볶음 등 여러모로 쓰이는 다이어트의 단짝이에요. 그중에서도 저는
유독 양배추쌈을 좋아해요. 데친 양배추에 닭가슴살 한 조각을 올리고 직접 만든 피칸쌈장을 올려 먹으면
정말 맛있거든요. 쌈장에 든 청양고추가 맛을 한 단계 업그레이드시켜 주는 비장의 무기랍니다.

≫ ingredients

생닭가슴살 100g
양배추 잎 4장
깻잎 4장
올리브유 1/2큰술
후춧가루 약간

피칸쌈장
쌈장 1/3큰술
마늘 1개
청양고추 1/2개
피칸 3개
햄프시드 1/3큰술
물 1큰술

양배추를 비닐팩에 넣고 느슨히 봉한 다음, 전자레인지에서 4분간 가열해서 물기를 꼭 짜도 좋아요.

1. 양배추는 씻어서 끓는 물에 40초간 데친 다음, 체에 밭쳐 물기를 빼고, 깻잎은 잘 씻는다.

햄프시드는 선택 재료이니 없으면 넣지 않아도 돼요.

2. 마늘, 청양고추, 피칸을 잘게 다져서 나머지 피칸쌈장 재료와 잘 섞는다.

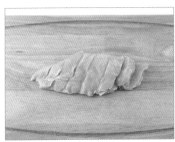

3. 생닭가슴살은 흐르는 물에 씻고 칼집을 내어 후춧가루를 뿌린다.

4. 달군 팬에 올리브유를 두르고 닭가슴살을 앞뒤로 노릇하게 구워 한입 크기로 썬다.

5. 데친 양배추에 깻잎을 올리고 닭가슴살을 얹는다.

6. 양배추와 깻잎의 양옆을 접고 돌돌 말아 2등분한 다음, 피칸쌈장을 곁들인다.

아보카도참치샐러드

몸에 에너지가 떨어진 느낌이 들면 아보카도와 참치통조림을 꺼내 들어요.
기름기를 쏙 뺀 참치와 크리미한 아보카도. 재료의 맛을 최고로 끌어올려주는 요거트드레싱이 어울려
하루를 기분 좋은 포만감으로 마무리해줘요. 지친 몸과 마음이 상큼하게 깨어날 거예요.

≫ ingredients

참치통조림 1캔(100g)
아보카도 1/2개(90g)
토마토 1/2개(70g)
파프리카 1/2개(50g)
적양파 1/4개(50g)
샐러드채소 30g

요거트드레싱

저지방요거트 3큰술
하프마요네즈 1/2큰술
올리브유 1/2큰술
레몬즙 1/3큰술
햄프시드 1/2큰술
후춧가루 약간

1. 샐러드채소는 씻어서 체에 밭쳐 물기를 빼고 먹기 좋게 뜯는다.

2. 참치는 체에 밭쳐 끓는 물을 붓고 기름기를 제거한다.

햄프시드는 선택 재료이니 없으면 넣지 않아도 돼요.

3. 요거트드레싱 재료를 잘 섞는다.

4. 파프리카, 양파, 토마토는 먹기 좋게 깍둑 썬다.

5. 아보카도는 껍질을 벗기고 양파와 같은 크기로 깍둑 썬다.

6. 볼에 샐러드채소, 참치, 깍둑 썬 채소, 아보카도를 올리고 요거트드레싱을 넣어 버무린다.

으깬두부버섯볶음

식물성 단백질의 대표 식품 두부와 버섯 중에 단백질이 가장 많은 양송이버섯이 어우러진
매력적인 요리예요. 보슬보슬 으깬 두부의 부드러운 식감, 쫄깃쫄깃 맛있게 씹히는 버섯의 식감을
제대로 느끼려면 꼭 숟가락으로 떠서 두부와 버섯을 함께 드세요.

>> ingredients

두부 1/2모(150g)
양송이버섯 3개
양파 1/2개(60g)
청양고추 1개
어린잎채소 1줌(20g)
방울토마토 3개
올리브유 1/2큰술
굴소스 1/2큰술
후춧가루 약간

1. 어린잎채소는 씻어서 체에 밭쳐
   물기를 빼고, 방울토마토는 잘
   씻는다.

2. 양송이버섯은 모양 살려 썰고,
   양파, 청양고추는 다진다.

> 두부를
> 전자레인지에서
> 2분 정도 가열하면
> 두부의 수분이
> 잘 빠져요.

3. 두부는 키친타월로 물기를
   제거하고 칼의 넓적한 면으로
   눌러가며 으깬다.

4. 달군 팬에 올리브유를 두르고
   양파, 청양고추를 볶는다.

5. 으깬 두부, 버섯, 굴소스,
   후춧가루를 넣고 볶아 그릇에
   담고 어린잎채소, 방울토마토를
   곁들인다.

미니's Tip

*

볶은 두부를 밥공기에 눌러 담
고 커다란 접시 위에 얌전하게
뒤집어주면 예쁘게 스타일링
할 수 있어요.

소고기토마토스튜

(2회 분량)

'마녀수프'로 유명한 디톡스 요리를 진하고 맛있는 스튜로 끓였어요.
소고기, 토마토, 양배추 등 좋은 재료만 넣어 푹 끓이니 다이어트 식단인가 싶을 정도로 너무너무 맛있어요.
한입 먹으면 아랫배까지 뜨끈해지는 훈훈한 음식입니다. 2인분이니까 두 번에 나누어 먹어요.

>> ingredients

소고기 안심 150g
토마토 2개
양배추 100g
당근 60g
양파 1/2개(60g)
마늘 4개
토마토소스 4큰술
올리브유 1/2큰술
페페론치노 5개
(혹은 청양고추 1개)
바질가루 약간
허브솔트 약간
물 1컵(200ml)

1. 양파, 마늘을 잘게 다진다.

2. 소고기 안심, 양배추, 당근,
   토마토 1개는 먹기 좋게 썬다.

3. 믹서에 나머지 토마토 1개,
   물을 넣고 곱게 간다.

카레가루를
살짝 넣어서
볶아도
맛있어요.

4. 달군 냄비에 올리브유를
   두르고 양파, 마늘을 볶다가
   썰어놓은 토마토, 소고기, 당근,
   바질가루를 넣고 볶는다.

5. 고기가 70% 정도 익었을 때
   양배추, 갈아놓은 토마토소스를
   붓고, 페페론치노, 허브솔트를 넣고
   뚜껑 덮어 10~15분간 푹 끓인다.

미니's Tip

페페론치노는 작고 매운 고추
를 말린 것으로 이탈리아 요리
에 많이 쓰여요. 작지만 매콤한
맛이 강해 음식의 풍미를 살려
줘요. 청양고추나 말린 홍고추
를 쓸 때는 가위로 가늘게 잘
라서 쓰세요.

병아리콩큐브샐러드

미국 타임지가 선정한 세계 10대 건강식품 병아리콩(칙피)은 불려서 삶은 다음
소분해서 냉동해두면 편하지만, 바쁠 땐 통조림으로 이용해요. 오이, 양파, 토마토, 올리브 등
씹는 맛이 좋은 채소를 몽땅 넣어 순가락으로 퍼먹으면 씹는 맛을 좋아하는 저에겐 최고의 한 끼랍니다.

>> ingredients

병아리콩통조림 1컵(100g)
(혹은 삶은 병아리콩)
오이 1/3개(80g)
적양파 1/4개(60g)
방울토마토 7개
블랙올리브 3개
그린올리브 2개
고수 약간
발사믹식초 2큰술
올리브유 1큰술
후춧가루 약간

병아리콩을
직접 삶는
법은 31쪽을
참고하세요.

1. 병아리콩통조림은 헹궈서
   물기를 뺀다.

2. 오이, 적양파는 굵게 다진다.

3. 블랙, 그린올리브는 동그란
   모양을 살려 썰고, 방울토마토는
   각각 4등분한다.

4. 볼에 오이, 양파, 올리브, 토마토,
   병아리콩, 고수를 넣고
   발사믹식초, 올리브유, 후춧가루를
   뿌려 잘 버무린다.

미니's Tip
*

통밀토르티아에 넣고 돌돌 말
아서 점심으로 먹어도 좋아요.
고수를 싫어하면 깻잎을 사용
하세요.

게맛살달걀찜

맥주 안주로 자주 먹던 게맛살의 맛이 그리워서, 게맛살의 짭조름한 맛과
진한 향을 살린 달걀찜을 만들어봤어요. 게맛살은 의외로 칼로리가 낮고 단백질과 칼슘 함량이 높거든요.
부드럽고 포근한 달걀찜 한입에 게맛살이 씹힐 때마다 기분 좋은 선물을 받은 기분이에요.

달걀 2개
게맛살 2개(38g)
당근 1/7개 (20g)
양파 1/4개 (30g)
부추 20g
저지방우유 1/2컵(100ml)
후춧가루 약간

1. 당근, 부추, 양파는 다지고,
   게맛살은 잘게 찢는다.

2. 달걀은 잘 풀어서 체에 밭쳐
   거른다.

냄비에 그릇이
2/3 정도 잠길
만큼 물을 넣어
끓여주세요.

3. 내열용기에 달걀물, 게맛살,
   저지방우유, 다진 채소,
   후춧가루를 넣고 잘 섞어 랩을
   씌운다.

4. 끓는 물에 그릇째 넣고 중불에서
   뚜껑 덮어 20분간 찐다.

미니's Tip
*

전자레인지로 익힐 때는 그릇
에 랩을 씌우고 젓가락으로 구
멍을 몇 개 뚫은 다음 5~6분
정도 가열해주세요.

통오징어샐러드

다이어트 선언과 함께 냉동닭가슴살팩을 구입하는 건 저뿐만이 아닐 거예요. 이젠 닭가슴살과
냉동오징어를 함께 구입하세요. 오징어는 지방 함량이 거의 없고 타우린이 많아 닭가슴살 못지않은
다이어트 식품이거든요. 간편하게 손질해서 냉동한 오징어로 샐러드, 찜, 구이까지 맛있게 요리해보세요.

>> ingredients

오징어몸통 1개(120g)
샐러드채소 4줌(100g)
방울토마토 4개
블랙올리브 4개
허브솔트 약간
파프리카가루 약간
(혹은 고춧가루)
레몬 1/8개
올리브유 1/3큰술

1. 오징어몸통은 씻어서 몸통
   한쪽에만 일정한 간격으로 길게
   가위집을 낸다.

2. 오징어에 허브솔트,
   파프리카가루를 뿌린다.

3. 샐러드채소는 씻어서 체에 밭쳐
   물기를 빼고 먹기 좋게 뜯는다.

4. 방울토마토, 올리브는 2등분하고,
   양파는 채 썰어 찬물에 담갔다
   물기를 뺀다.

5. 달군 팬에 올리브유를 두르고
   오징어를 굽는다.

6. 접시에 샐러드채소, 양파를 담고
   구운 오징어, 토마토, 올리브를
   올린 다음 먹기 직전에 레몬즙을
   뿌린다.

수란주키니파스타

파스타가 먹고 싶을 때 탄수화물이 걱정된다면 주키니호박을 채 썰어서 면 대신 넣어보세요.
여기에 국자를 이용해 보다 쉽게 만들 수 있는 수란까지 곁들이면, 맛도 좋고 저녁에 먹어도 부담 없는
다이어트 파스타가 완성됩니다. 파스타인 듯 웜샐러드인 듯 따뜻하고 고소한 맛을 즐겨보세요.

천원숍에서
파는 우엉채칼,
호박채칼,
다용도채칼 등을
사용하세요.

>> ingredients

주키니호박 1/3개(175g)
표고버섯 3개
마늘 5개
페페론치노 6개
달걀 1개
올리브유 2+1/3큰술
허브솔트 약간
바질가루 약간
파슬리가루 약간
식초 2큰술

1. 채칼로 주키니를 면처럼 길게
   썬다.

2. 표고버섯, 마늘은 편 썰고,
   페페론치노는 2등분한다.

3. 달군 팬에 올리브유 2큰술을
   두르고 마늘, 페페론치노를 볶아
   향을 내다가 버섯, 주키니면을
   넣어 볶고, 허브솔트, 바질가루로
   간한다.

4. 끓는 물에 식초를 넣어 약불로
   줄이고, 국자 안쪽에 올리브유를
   발라 달걀을 깨 올린 다음, 달걀
   담긴 국자를 천천히 물속에
   담근다.

미니's Tip

*

수란을 만들 때 달걀을 올린
국자를 물속에 담근 채로 익혀
서 완성해도 좋아요. 이때는 수
란이 국자처럼 평평한 모양으로
익어요. 둥그랗고 봉긋한 수란
을 원한다면 지처럼 처음에는
국자째 익히다가 마지막에 달
걀만 물속에 넣고 익혀주세요.

5. 달걀 전체에 하얀 막이 생기며
   익기 시작하면 국자를 비스듬히
   기울여 달걀을 물속으로
   떨어뜨리고, 노른자가 익지 않게
   1분 정도 익혀 국자로 건진다.

수란의
노란자를
톡 터뜨려
섞어드세요.

6. 접시에 주키니면볶음을 담고
   수란을 올린 다음, 후춧가루를
   뿌린다.

참치케일롤

저녁에도 샌드위치나 토르티야롤이 먹고 싶은데 탄수화물이 신경 쓰일 때가 많았어요.
아무리 몸에 좋은 탄수화물이라도 저녁에는 최대한 안 먹는 것이 저의 철칙이었거든요. 그래서 빵 대신
커다란 케일을 깔고 참치와 채소를 넣고 돌돌 말았더니 너무나 맛 좋고 가벼운 건강식이 되었답니다.

>> ingredients

큰 케일 4장
참치통조림 1캔(100g)
오이 1/7개(35g)
토마토 1/2개(60g)
파프리카 1/4개(30g)
저지방슬라이스치즈 1장
새싹채소 1줌
스리라차소스 1/2큰술
후춧가루 약간

1. 참치는 체에 밭쳐 끓는 물을 붓고 기름기를 제거한다.

2. 케일, 새싹채소는 씻어서 체에 밭쳐 물기를 빼고, 오이, 토마토, 파프리카는 모양 살려 썬다.

3. 케일 3장을 펼쳐 겹쳐가며 깔고, 가운데 부분에 스리라차소스를 바른다.

4. 오이-토마토-파프리카-참치-치즈-후춧가루-새싹채소 순으로 쌓는다.

일반 이쑤시개 대신 끝부분에 장식이 달린 픽으로 고정하면 예쁘고 안전해요.

· 미니's Tip ·

*

케일이 풀어질까 걱정된다면 롤 전체를 랩으로 단단히 감싸서 포장하세요.

5. 나머지 케일 1장으로 재료를 덮고 케일의 양옆을 접어 재료가 새지 않게 돌돌 만다.

6. 이쑤시개로 케일의 끝부분을 양쪽으로 고정하고 2등분한다.

오무로틴

달걀은 삶거나 프라이, 찜 등 어떻게 조리해도 맛있어요. 그중에 약한 불에서 젓가락으로
휘저어가며 재빨리 익힌 스크램블드에그는 부드러운 맛이 일품이라 삼시 세 끼 어느 때에 먹어도 좋아요.
여기에 닭가슴살과 병아리콩을 곁들여 지루하지 않은 고단백 한 끼를 완성하세요.

>> ingredients

완조리닭가슴살 50g
병아리콩통조림 1/4컵(25g)
(혹은 삶은 병아리콩)
달걀 2개
방울토마토 6개
양파 1/4개(30g)
블랙올리브 2개
어린잎채소 2줌(25g)
올리브유 2/3큰술
스리라차소스 1/2큰술

병아리콩을
직접 삶는
법은 31쪽을
참고하세요.

1. 해동한 닭가슴살팩, 양파,
   블랙올리브, 방울토마토 4개는
   다지고, 병아리콩통조림은
   헹궈서 물기를 뺀다.

2. 어린잎채소는 씻어서 체에 밭쳐
   물기를 뺀다.

3. 달군 팬에 올리브유 1/3큰술을
   두르고 양파를 볶다가 닭가슴살,
   올리브, 다진 토마토를 넣고
   볶아 덜어둔다.

4. 달걀을 잘 푼 다음, 달군 팬에
   올리브유 1/3큰술을 두르고
   중약불에서 달걀물을 부어
   젓가락으로 휘저어가며 익힌다.

팬을 기울여
달걀을 럭비공
모양으로 만들면서
굴려가며
익혀요.

5. 어느 정도 익어서 덩어리가
   생기면 팬 한쪽으로 달걀을 몰아
   약불에서 익혀 오믈렛을 만든다.

6. 그릇에 닭가슴살, 오믈렛,
   어린잎채소, 방울토마토 2개를
   담고 스리라차소스를 뿌린다.

해파리게맛살샐러드

뷔페에서 입맛을 돋우어주는 해파리무침을 샐러드로 응용해봤어요. 오독오독 꼬들꼬들한
식감이 좋은 해파리에 채소와 게맛살을 푸짐하게 곁들이고요. 톡 쏘는 연겨자소스에는 사과를 추가해
한층 부드럽고 새콤달콤하게 만드니 더운 여름, 하루가 멀다하고 해먹을 만하겠죠?

>> ingredients

게맛살 3개(53g)
무염해파리 50g
샐러드채소 100g
파프리카 1/4개(30g)
양파 1/5개(20g)

사과연겨자소스

사과 1/4개
양파 1/4개(30g)
마늘 1개
식초 2큰술
연겨자 1큰술
물 1/4컵(50ml)
올리브유 1/2큰술

채 썬 양파는 찬물에 담가 매운맛을 제거하고 물기를 빼주세요.

1. 샐러드채소는 씻어 체에 밭쳐 물기를 빼고 먹기 좋게 뜯는다.

2. 양파, 파프리카는 채 썰고, 게맛살은 잘게 찢고, 해파리는 여러 번 헹궈 물기를 꼭 짠다.

소스와 재료를 한데 버무리거나 재료만 섞어서 소스에 찍어 드세요.

3. 믹서에 사과연겨자소스 재료를 넣고 잘 간다.

4. 접시에 샐러드채소, 양파, 파프리카, 게맛살, 해파리를 담고 사과연겨자소스를 뿌린다.

미니's Tip

무염해파리는 따뜻한 물에 식초를 넣고 20분간 담갔다 쓰면 훨씬 부드러워요. 염장해파리도 짠맛을 충분히 뺀 후에 사용하세요.

자투리타타

이탈리아식 달걀찜이라고 할 수 있는 프리타타를 응용해 냉장고 속 자투리 채소들로 만든
자투리타타예요. 달걀 두 개와 애매하게 남은 채소, 치즈 한 장만 있으면 맛있는 서양식 다이어트 요리를
간편하게 만들 수 있어요. 맛은 물론 비주얼까지 훌륭하니까 먹기 전에 인증샷은 필수겠죠?

달걀 2개
맛타리버섯 1줌
토마토 1/2개(50g)
양파 1/2개(40g)
브로콜리 1/6개 (35g)
블랙올리브 2개
저지방슬라이스치즈 1장
올리브유 1/2큰술
후춧가루 약간

1. 맛타리버섯은 밑동을 제거하고 가닥가닥 뜯는다.

2. 토마토, 브로콜리, 양파는 먹기 좋게 썰고, 올리브는 동그란 모양을 살려 썬다.

3. 달걀은 잘 푼다.

작은 팬을 써야 너무 얇지 않게 도톰한 두께로 먹기 좋게 완성돼요.

4. 달군 팬에 올리브유를 두르고 양파, 브로콜리를 볶다가 버섯, 후춧가루를 넣고 볶는다.

5. 버섯의 숨이 살짝 죽으면 토마토를 넣고 볶는다.

6. 달걀물을 붓고 치즈를 조각내어 올린 다음, 올리브를 얹어 뚜껑 덮어 약불에서 5분간 익힌다.

훈제연어샐러드

야근할 때마다 배달시켜 먹던 훈제연어샐러드를 집에서 만들어봤어요. 연어와 채소, 아보카도를
듬뿍 넣은 영양식이죠. 저는 좀 특이하게 채소를 연어처럼 얇게 썰어 넣는 대신, 정사각형으로 깍둑 썰어
만드는데요, 음식을 천천히 여러 번 썹어가며 포만감을 느끼기에 좋은 방법이랍니다.

>> ingredients

훈제연어 70g
양상추 3장
방울토마토 3개
파프리카 1/2개(50g)
아보카도 1/4개(40g)
청오이 1/3개(60g)
적양파 1/4개(40g)
블랙올리브 4개

오리엔탈드레싱
올리브오일 2큰술
간장 1+1/2큰술
식초 1큰술
올리고당 1/3큰술
다진 마늘 1/3큰술
레몬즙 1큰술
후춧가루 약간

1. 양상추는 씻어서 체에 밭쳐
   물기를 빼고 먹기 좋게 뜯는다.

2. 방울토마토는 2등분하고,
   올리브는 모양 살려 썰고,
   아보카도, 양파, 오이,
   파프리카는 작게 깍둑 썬다.

3. 오리엔탈드레싱 재료를 잘
   섞는다.

4. 볼에 양상추를 깔고 가운데
   훈제연어를 동그랗게 말아
   올린다.

5. 볼 가장자리에 썰어둔 채소들을
   각각 색깔별로 올리고
   오리엔탈드레싱을 뿌린다.

닭가슴살치즈말이

그분이 또 오셨습니다. 닭가슴살 정체기요. 그런데 냉동실엔 닭가슴살이 한가득….
마음을 고쳐먹고 닭가슴살에 치즈랑 채소를 넣고 돌돌 말아 구워. 얼핏 보면 프랑스 가정식 같은 요리를 만들어요.
닭가슴살의 퍽퍽함은 줄고 치즈의 고소함과 채소의 아삭함이 더해져 정체기는 잠시 물러갑니다.

>> ingredients

생닭가슴살 100g
저지방슬라이스치즈 1장
시금치 약간
파프리카 약간
올리브유 1/3큰술
바질가루 약간

저민 닭가슴살이 너무 두꺼우면 칼등으로 두들겨서 납작하게 펴주세요.

1. 시금치는 씻어서 체에 밭쳐 물기를 빼고, 파프리카는 도톰하게 채 썰고, 치즈는 2등분한다.

2. 생닭가슴살은 흐르는 물에 씻고 포 뜨듯 얇게 저며 2등분한다.

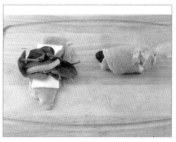

3. 저민 닭가슴살 위에 각각 치즈- 시금치 - 파프리카 순으로 올려 돌돌 만다.

4. 달군 팬에 올리브유를 두르고 돌돌 만 닭가슴살 끝부분이 팬에 닿게 올려 굽기 시작한다.

5. 바질가루를 뿌리고 사방으로 굴려가며 구운 다음 뚜껑 덮고 약불에서 마저 익힌다.

자몽달걀샐러드

자몽은 반 개만 먹어도 하루에 필요한 비타민 C를 섭취할 수 있고 지방을 태우는 역할도 해요.
또 콜레스테롤을 낮춰주고 당 함량이 적어 저녁에 먹어도 부담 없는 과일이죠. 그래서 덴마크다이어트에
자몽이 빠지지 않았나 봐요. 자몽달걀샐러드로 몸이 가벼워지는 걸 느껴보세요.

>> ingredients

달걀 2개
자몽 1/2개(130g)
시금치 2줌(65g)
아몬드 1/2줌(10g)
스트링치즈 1개

이탈리안드레싱
올리브오일 2큰술
식초 1+1/2큰술
레몬즙 1큰술
양파 약간(10g)
파슬리가루 약간
올리고당 1/3큰술
후춧가루 약간

1. 달걀은 식초, 소금을 넣은 물에
   10분간 삶아 찬물에 헹군다.

2. 달걀 껍질을 벗기고 슬라이서나
   칼로 먹기 좋게 자른다.

3. 양파는 잘게 다져 나머지
   이탈리안드레싱 재료와 섞는다.

4. 시금치는 씻어서 체에 밭쳐
   물기를 빼고 먹기 좋게 뜯는다.

5. 자몽은 껍질 벗겨 모양 살려
   썰고, 스트링치즈는 작게 썬다.

6. 그릇에 시금치를 깔고 자몽,
   달걀, 치즈, 아몬드를 올려
   이탈리안드레싱을 곁들인다.

훈제오리쌈

고기와 쌈의 조합은 두말할 필요가 있나요? 단백질이 풍부한 훈제오리를 다양한 쌈채소에 얹어
한입 크게 싸먹으면 밥 없이도 든든하지요. 견과류를 넣은 아몬드 쌈장으로 나트륨을 줄였으니까
먹어도 먹어도 질리지 않는 그 맛을 다이어트 할 때도 배불리 즐겨보세요.

>> ingredients

훈제오리 80g
쌈채소 18장
마늘 3개
청양고추 2개

아몬드쌈장
쌈장 1/2큰술
아몬드 6개
햄프시드 1/2큰술
물 2큰술

1. 쌈채소는 씻어서 물에 잠시 담갔다가 체에 밭쳐 물기를 뺀다.

2. 마늘은 편 썰고, 청양고추는 모양 살려 송송 썬다.

햄프시드는 선택 재료이니 없으면 넣지 않아도 돼요.

3. 아몬드는 다져서 나머지 아몬드쌈장 재료와 잘 섞는다.

키친타월로 훈제오리의 기름을 닦아내가며 구워요.

4. 마른 팬에 훈제오리를 구워 쌈채소, 마늘, 청양고추와 아몬드쌈장을 곁들인다.

PART 5

SPECIALS

****

외식+과식+폭식을 막는 다이어트
스페셜 요리

다이어트 중에 몸이 허하게 느껴지거나 갑자기 맵고 짜고 느끼하고 자극적인
음식이 먹고 싶을 때도 많았어요. 특히 여성은 호르몬 주기에 따라 식욕과 컨
디션의 기복이 생기는데, 저도 마찬가지였죠. 그때 무조건 참아 보니 오히려
스트레스만 받고 폭식을 일삼더라고요. 그래서 주말이나 특정한 날을 정해서
먹고 싶은 음식을 만들어 먹기 시작했습니다. 고단백 보양식부터 친구를 초대
해서 함께할 수 있는 요리, 눈과 입이 즐거운 스페셜 메뉴가 있었기에 다이어
트를 포기하지 않고 꾸준히 지속해서 성공할 수 있었답니다.

매콤토마토현미떡볶이

다이어트 할 때는 고열량 고나트륨 음식인 분식을 최대한 피하는 게 좋아요.
하지만! 떡볶이를 멀리하는 건 너무 가혹하잖아요. 밀떡이나 쌀떡 대신 현미떡을,
고추장을 적게 넣는 대신 토마토를 넣으면 체중 감량에도 무리가 없어요. 매운맛 당길 때 꼭 만들어보세요.

>> ingredients

현미가래떡 100g
달걀 1개
당근 1/4개
대파 1/2대
양파 1/2개
알배추 5장
큐브형 치킨스톡 1/2개

떡볶이소스
토마토 1개(150g)
청양고추 1개
마늘 5개
고추장 1큰술
스리라차소스 1/3큰술
물1+1/2컵(300ml)

> 취향에 따라 완숙이나 반숙으로 익혀요.

1. 달걀은 식초, 소금을 넣은 물에 삶아 껍질을 벗긴다.

> 토마토와 마늘은 잘 갈리도록 적당한 크기로 잘라서 넣어요.

2. 믹서에 떡볶이소스 재료를 모두 넣고 잘 간다.

3. 현미가래떡은 먹기 좋은 크기로 썰고, 당근, 대파, 양파, 알배추도 먹기 좋게 썬다.

4. 냄비에 떡볶이소스, 치킨스톡을 넣고 끓인다.

5. 현미떡, 채소를 넣고 중불에서 살짝 걸쭉해질 때까지 끓인 다음, 삶은 달걀을 곁들인다.

미니's Tip

*

스트레스로 매운 음식이 당길 때 만들어 먹던 떡볶이예요. 매운 걸 잘 못 드시는 분들은 마늘의 개수를 줄이고 스리라차 소스를 적게 넣으세요.

채소듬뿍묵사발

조금만 먹어도 포만감을 주는 도토리묵은 타닌 성분을 함유해서 지방이 쌓이는 걸 막아주고
위와 장을 건강하게 만들어줘요. 탱글탱글한 도토리묵에 아삭아삭한 채소, 씻은 김치를 넣고
냉면육수를 부으면 파는 것 못지않은 시원한 묵사발 한 그릇이 완성됩니다.

도토리묵 200g
달걀 1개
씻은 김치 50g
토마토 1/2개(60g)
오이 1/4개(50g)
파프리카 1/4개(30g)
깻잎 7장
시판 냉면육수 2/3컵(130ml)
깨소금 약간

1. 달걀은 식초, 소금을 넣은 물에
   삶아 껍질을 벗긴다.

2. 토마토는 한입 크기로 썰고,
   양파, 오이, 파프리카, 깻잎,
   씻은 김치는 가늘게 채 썬다.

3. 도토리묵은 한입 크기의 막대
   모양으로 썰고, 삶은 달걀은
   4등분한다.

4. 그릇에 도토리묵, 채소, 김치,
   달걀을 올리고 냉면 육수를 부어
   깨소금을 뿌린다.

연어회날치알덮밥

생연어에는 단백질과 오메가3가 풍부해서 지방 연소에 특히 좋아요.
밖에 나가서 연어가 푸짐하게 올라간 연어덮밥을 먹고 싶지만, 다이어트 중에 피해야 할
하얀 쌀밥에 달달하고 짭짤한 간장이 듬뿍 뿌려져 있어서 저는 집에서 만들어 먹어요.
잡곡밥과 함께 간장에 졸인 양파, 날치알까지 곁들여 건강하게 먹어요.

생연어 130g
잡곡밥 100g
작은 양파 1개(80g)
어린잎채소 1/2줌(10g)
냉동날치알 1큰술
간장 1큰술
물 3큰술
햄프시드 1/2큰술
와사비 약간

1. 양파는 채 썰고, 그중 1/3만
   물에 담가 매운맛을 제거하고
   물기를 뺀다.

2. 어린잎채소는 씻어서 체에 밭쳐
   물기를 뺀다.

3. 생연어는 두툼하게 썰고,
   냉동날치알은 자연 해동한다.

햄프시드는
선택 재료이니
없으면 넣지
않아도 돼요.

4. 달군 팬에 물에 담그지 않은
   채 썬 양파, 간장, 물, 햄프시드를
   넣어 졸이듯 볶는다.

5. 그릇에 잡곡밥을 담고 졸인
   양파를 올린다.

6. 생연어를 돌려 담고, 물에
   담갔던 양파, 어린잎채소,
   날치알을 올려 와사비를
   곁들인다.

노밀가루부추전

다이어트 할 때도 전을 먹을 수 있어요. 더 반가운 소식은 제가 만드는 전에는 밀가루가
전혀 들어 있지 않다는 점! 베타카로틴과 철분, 비타민이 풍부한 부추를 듬뿍 넣고 밀가루 대신
달걀과 감자를 갈아 넣으면 감자 속 전분 때문에 더 쫄깃하고 고소한 부추전을 즐길 수 있어요.

부추 1/7단(60g)
달걀 1개
작은 감자 1개(50g)
청양고추 1개
소금 약간
후춧가루 약간
올리브유 1/2큰술

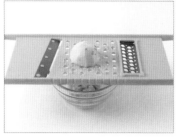

1. 감자는 필러로 껍질을 벗기고
   강판에 간다.

2. 부추는 한입 크기로 썰고,
   청양고추는 모양 살려 가늘게
   썬다.

3. 간 감자, 부추, 달걀, 청양고추,
   소금, 후춧가루를 잘 섞어
   반죽을 만든다.

뒤집개로
뒤집기가 어려울
때 큰 접시로
받쳐서 뒤집으면
편리해요.

4. 달군 팬에 올리브유를 두르고
   반죽을 얇게 편 다음, 중불에서
   양면을 노릇하게 굽는다.

훈제오리냉채

몸에 좋은 채소와 오리고기를 예쁘게 둘러 담으니 보기만 해도 푸짐한 한 접시 요리가 되었어요.
훈제오리로 단백질을 채우고 형형색색의 컬러푸드로
다양한 비타민을 섭취할 수 있는, 영양과 포만감을 꽉꽉 채운 별미예요.

훈제오리 100g
적채 50g
노란파프리카 1/2개(40g)
빨간파프리카 1/2개(40g)
양파 1/3개(40g)
상추 1장
오이 1/5개(40g)

사과연겨자소스
사과 1/4개
양파 1/4개(30g)
마늘 1개
식초 2큰술
연겨자 1큰술
물 5큰술

1. 오이, 파프리카, 양파, 적채는 채 썰고, 상추는 씻어서 물기를 뺀다.

2. 믹서에 사과연겨자소스 재료를 넣고 잘 간다.

3. 마른 팬에 훈제오리를 노릇하게 굽는다.

4. 그릇에 적채, 오이, 파프리카, 양파를 빙 둘러 담는다.

5. 가운데에 상추 한 장을 놓고 구운 훈제오리를 올린 다음 사과연겨자소스를 곁들인다.

매생이굴떡국

다이어트 중에 기력이 떨어졌다면 매생이와 굴을 함께 먹어요. 고단백 천연 다이어트 식품인 매생이와
바다의 우유라 불리는 굴은 같이 먹으면 맛도 영양도 배가 돼요. 외식할 때보나 건강하고
날씬하게 먹어야 하니까 현미가래떡을 넣고 푹 끓여서 김이 모락모락 날 때 호호 불어서 드세요.

>> ingredients

매생이 70g
굴 120g
현미가래떡 80g
청양고추 1개
물 2+1/2컵(300ml)
멸치액젓 1/3큰술

1. 매생이는 체에 밭쳐 흐르는 물에
   흔들어 씻고 물기를 짠다.

2. 굴은 체에 밭쳐 흐르는 물에
   흔들어 씻고 물기를 뺀다.

3. 현미가래떡은 어슷하게
   떡국떡처럼 썰고, 청양고추는
   모양 살려 송송 썬다.

4. 끓는 물에 현미떡, 청양고추,
   멸치액젓을 넣어 끓인다.

5. 떡이 익어서 위로 떠오르면
   매생이, 굴을 넣고 다시 끓기
   시작할 때 재빨리 불을 끈다.

152 ——— 153

베트남샌드위치반미

고소하고 담백한 두부, 새콤달콤한 당근과 무 피클, 향긋한 고수의 조합이 이색적인
베트남샌드위치 반미를 소개해요. 기존 반미는 쌀바게트를 쓰지만 통밀바게트를 써서 보다 라이트하게
만들었어요. 재료의 색다른 조합과 매콤한 소스가 어우러진 이국적인 맛에 반하실 거예요.

>> ingredients

통밀바게트 1/3개(80g)
부침용두부 1/3모(100g)
당근 50g
무 50g
오이 1/4개(30g)
고수 10g(혹은 깻잎)
하프마요네즈 1큰술
스리라차소스 1큰술
식초 2큰술
올리고당 1/2큰술

1. 당근, 무는 채 썰고, 비닐팩에
   식초, 올리고당과 함께 넣고
   4시간에서 반나절 정도 냉장
   보관한다.

고수를
못 드시면
깻잎이나
치커리 등으로
대신해주세요.

2. 고수는 잎이 붙은 줄기만 남겨
   다듬고, 오이는 길고 얇게 썬다.

3. 하프마요네즈, 스리라차소스를
   섞는다.

4. 두부는 납작하게 썬 다음,
   달군 팬에 올리브유를 두르고
   허브솔트를 뿌려 바싹 굽는다.

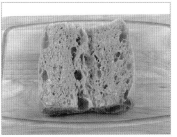

5. 바게트를 납작하게 반으로
   갈라 마른 팬에 살짝 굽고, 자른
   단면에 소스를 바른다.

6. 빵의 한 면에 고수-오이-두부-
   당근무피클-고수 순으로 올리고
   나머지 빵으로 덮는다.

통밀비빔국수

다이어트 중에는 아무래도 담백한 음식을 먹다 보니 매콤하고 새콤한 음식이 자주 당겨요.
한 번쯤은 날 잡고 이런 음식을 먹어야 지치지 않겠죠? 새콤달콤 비빔국수를 만들 때 통밀국수를 쓰고,
국수 양과 소스를 살짝 줄이는 대신 채소를 듬뿍 넣으면 만족스러운 한 그릇이 될 거예요.

» ingredients

통밀소면 50g
달걀 1개
오이 1/5개(40g)
양파 1/4개(30g)
파프리카 1/4개(30g)
적채 20g
어린잎채소 1/2줌(10g)
소금 약간
식초 약간

소스
고추장 1/3큰술
식초 1/2큰술
올리고당 약간

1. 달걀은 식초, 소금을 넣은 물에 삶아 껍질을 벗긴다.

2. 오이, 양파, 파프리카, 적채는 채 썰고, 어린잎채소는 씻어서 체에 받쳐 물기를 뺀다.

3. 소스 재료를 잘 섞는다.

4. 끓는 물에 통밀소면을 넣고 4분간 끓여 찬물에 헹구고, 체에 받쳐 물기를 뺀다.

5. 그릇에 국수, 채소, 소스를 넣고 비빈 다음, 어린잎채소, 삶은 달걀을 곁들인다.

훈제연어오이롤

만드는 수고에 비해 너무너무 싱그럽고 맛 좋은 요리를 소개해요. 수분 가득한 오이와
단백질 풍부한 훈제연어, 여기에 저지방크림치즈와 양파까지 더하니 맛이 없으려야 없을 수가 없는
연어오이롤이에요. 한입에 쏙쏙 핑거푸드처럼 간편하게 먹을 수 있어 도시락, 피크닉 메뉴로 좋아요.

훈제연어 30g
청오이 1개
적양파 1/4개(30g)
저지방크림치즈 1큰술
파슬리가루 약간

1. 청오이는 필러로 껍질을 벗기고
   길게 2등분한다.

2. 숟가락으로 오이의 씨를
   긁어낸다.

3. 적양파는 잘게 썰고, 크림치즈,
   파슬리가루와 잘 섞는다.

4. 오이 1/2개에는 양파크림치즈를,
   나머지 1/2개에는 훈제연어를
   채운 다음, 하나로 합체하여
   둥글게 썬다.

미니's Tip
*

오이 껍질과 오이 씨는 버리지
말고 레몬즙, 물과 함께 갈아 더
톡스주스로 활용해요.

두부오코노미야키

오코노미야키에 두부와 양배추, 달걀, 새우를 듬뿍 넣어 단백질을 꽉꽉 채웠어요.
달달하고 짭짤한 시판 소스 대신 고소한 두부마요네즈를 뿌려 먹으면 훨씬 가볍고 건강하게 즐길 수 있지요.
제가 강력 추천하는 메뉴니까 간편한 주말 별미, 점심, 저녁 메뉴로 활용하세요.

>> ingredients

두부 1/3모(100g)
달걀 1개
냉동새우 35g
양배추 50g
양파 1/2개(40g)
통밀가루 1큰술
올리브유 1큰술
소금 약간
후춧가루 약간
두부마요네즈 2큰술

두부마요네즈

두부 1/2모(150g)
무가당두유 5큰술
올리브유 5큰술
레몬즙 2큰술
올리고당 1/2큰술
소금 약간
캐슈넛 1/2줌(10g)

미니's Tip

*

남은 두부마요네즈는 당근, 셀
러리, 오이 등 스틱채소를 찍어
먹는 딥으로 활용하세요.

1. 새우는 흐르는 물에 씻어 물에 담가 해동한다.

2. 믹서에 두부마요네즈 재료를 모두 넣고 잘 간다.

3. 양배추, 양파는 채 썬다.

4. 두부는 칼등으로 짓눌러 으깬다.

5. 볼에 양배추, 양파, 두부, 통밀가루, 달걀, 소금, 후춧가루를 넣고 잘 버무린다.

6. 달군 팬에 올리브유를 두르고 반죽을 올린 다음, 새우를 얹어 중불에서 양면을 노릇하게 굽는다.

7. 지퍼백에 두부마요네즈 2큰술을 넣고 끝에 살짝 구멍을 뚫어 오코노미야키 위에 지그재그로 장식하며 뿌린다.

칼라만시과일화채

(2회 분량)

TV에서 다이어트에 좋다는 과일 칼라만시를 한 번쯤 보셨을 거예요. 레몬의 30배에 달하는
비타민 C를 함유하고 있으며 몸속에 쌓인 독소를 배출해줘서 '신의 선물'이라 불린대요.
칼라만시에 탄산수와 제철 과일을 넣고 톡 쏘는 화채를 만들어 비타민을 충전하고 디톡스 효과를 경험해요.

칼라만시 원액 1/4컵(50ml)
탄산수 2컵(400ml)
큰 바나나 1/2개
딸기 3개
오렌지 1/2개
블루베리 1줌
청포도 8알

1. 바나나, 딸기, 오렌지, 청포도는
   먹기 좋은 크기로 모양 살려
   썬다.

2. 블루베리는 씻어서 체에 밭쳐
   물기를 뺀다.

3. 탄산수, 칼라만시 원액을 섞는다.

4. 볼에 썰어 놓은 과일을 돌려
   담고 칼라만시탄산수를 붓는다.

달걀게맛살초밥

(2회 분량)

손쉽게 구할 수 있는 달걀과 게맛살로 고급스러운 요리를 만들어요. 간편한 레시피지만 초밥집에서 사 먹는 듯한 예쁜 모양과 정갈한 담음새에 눈이 즐겁고, 보들보들 입에 감기는 맛도 너무 좋아요. 기분 전환에도, 손님 접대에도 손색없는 요리로 단백질을 충전해보세요.

달걀 3개
게맛살 1+1/2개(35g)
현미밥 180g
김밥김 1/2장
와사비 약간
식초 1큰술
올리고당 1/2큰술
코코넛오일 1/2큰술

1. 게맛살은 초밥 크기로 큼직하게 썰고, 김은 1cm 폭으로 길게 자른다.

2. 달걀에 올리고당을 넣고 잘 풀어 체에 밭쳐 거른다.

3. 달군 팬에 코코넛오일을 두르고 약불에서 달걀물을 1/2만 부어 달걀을 말다가 나머지 달걀물을 붓고 달걀말이를 완성한다.

4. 한 김 식힌 달걀말이를 대각선으로 어슷하게 썬다.

미니's TIP

*

달걀말이를 할 때 펼친 달걀물의 익은 부분을 젓가락으로 콕콕 찔러주면 빈틈없이 예쁘게 완성할 수 있어요.

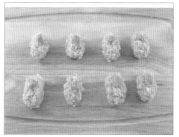

5. 잡곡밥에 식초 1큰술을 섞어 초밥 모양으로 뭉치고 와사비를 올린다.

6. 초밥 위에 게맛살, 달걀말이를 각각 올리고 김으로 띠를 두른다.

후무스

(2-3회 분량)

이제는 한국에서도 인기가 많은 후무스를 집에서 만들어요. 후무스는 삶은 병아리콩을
으깨어 만든 중동지방의 대중적인 딥소스예요. 채소와 토르티야 등 다양한 재료를 찍어 먹거나
빵에 발라 먹으면 정말 고소하고 맛있어요. 포만감 좋은 후무스로 콩의 맛과 영양을 그대로 느껴보세요.

병아리콩을
직접 삶는 법은
31쪽을
참고하세요.

>> ingredients

병아리콩통조림 2컵(200g)
(혹은 삶은 병아리콩)
참깨 2큰술
마늘 1개
아몬드 1/2줌
올리브유 2큰술
레몬즙 1큰술
무가당두유 2/3컵(130ml)
(혹은 물)
큐민가루 약간
파프리카가루 약간
셀러리 2/3대(30g)
노란파프리카 1/3개(30g)
당근 1/5개(30g)

1. 마른 팬에 참깨를 넣고 갈색이
될 때까지 약불에서 볶는다.

2. 믹서에 병아리콩, 볶은 참깨,
올리브유, 레몬즙, 아몬드,
마늘, 큐민가루, 파프리카가루,
무가당두유를 넣고 간다.

3. 그릇에 후무스를 눌러 담고
파프리카가루, 파슬리가루,
올리브유를 취향대로 뿌린다.

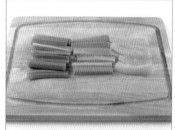

4. 셀러리, 당근, 파프리카, 오이 등
채소를 막대 모양으로 길게 썰어
후무스에 찍어 먹는다.

미니's Tip

남은 후무스는 빵이나 아보카
도에 발라 먹어도 맛있어요.

팔라펠버거

이태원 채식식당에는 병아리콩, 달걀, 채소, 향신료를 갈아서 패티로 만든 팔라펠버거가 있어요.
고기가 전혀 들어가지 않았는데 고기 맛이 나는 신기한 중동음식이죠. 원래 팔라펠을 튀겨서 만들지만
저는 구워서 칼로리를 더 낮췄어요. 버거 대신 팔라펠과 샐러드를 곁들여도 좋아요.

>> ingredients

통밀빵 1개
토마토 1/2개(40g)
후무스 1큰술(166쪽 참고)
저지방슬라이스치즈 1장
치커리 1줌(25g)
올리브유 3큰술

팔라펠(2회 분량)

병아리콩통조림(혹은 삶은 병아리
콩) 1컵(100g)
달걀 1개
당근 1/6개(20g)
양파 1/6개(25g)
마늘 1개
카레가루 1/2큰술
허브솔트 약간
큐민가루 약간
파슬리가루 약간
고수 약간

1. 치커리는 씻어서 체에 밭쳐
물기를 뺀다.

2. 토마토는 동그란 모양을 살려
썰고, 당근, 양파는 한입 크기로
썬다.

병아리콩을
직접 삶는 법은
31쪽을
참고하세요.

패티 1개를
먹고, 남은 반죽은
밀봉해 냉동실에
보관했다가
해동해서
구워드세요.

3. 믹서에 팔라펠 재료를 모두 넣고
잘 간다.

4. 간 반죽을 2등분해 둥근
패티를 빚은 다음, 달군 팬에
올리브유를 두르고 양면을
노릇하게 굽는다.

미니's Tip
*

팔라펠은 기름을 많이 써서 튀
길 필요 없이 팬을 살짝 비스듬
하게 기울여서 구우면 옆면까
지 노릇하게 구울 수 있어요.

후무스
만드는 법은
166쪽을
참고하세요.

5. 통밀빵을 납작하게 반으로 잘라
마른 팬에 굽는다.

6. 아랫부분 빵의 자른 단면에
후무스를 바르고, 팔라펠패티-
토마토-치즈-치커리 순으로 올린
다음, 나머지 빵으로 덮는다.

와사비스테이크덮밥

소고기와 와사비는 함께 먹으면 맛의 궁합이 좋아서 먹을수록 자꾸 생각이 나요.
감칠맛이 좋지만 자칫 느끼할 수 있는 소고기를 와사비의 톡 쏘는 맛이 잡아주거든요.
다이어트를 하지 않는 친구를 초대해서 함께 먹기에도 좋은 메뉴랍니다.

소고기(등심) 120g
잡곡밥 100g
양파 1/4개(50g)
대파 1/2대(20g)
어린잎채소 1줌
간장 1큰술
물 3큰술
햄프시드 1/2큰술
와사비 약간
올리브유 1+1/2큰술
후춧가루 약간
말린 로즈마리 약간

소고기를 실온에 30분 정도 꺼내 놓고 냉기가 사라지면 재워주세요.

1. 소고기에 올리브유 1/2큰술, 후춧가루, 로즈마리를 뿌려 10분간 재운다.

2. 대파는 어슷 썰고, 양파는 채 썰고, 어린잎채소는 씻어서 체에 밭쳐 물기를 뺀다.

3. 달군 팬에 올리브유 1큰술을 두르고 소고기를 센 불에서 적당히 구워 덜어두었다가 한 김 식으면 썬다.

햄프시드는 선택 재료이니 없으면 넣지 않아도 돼요.

4. 같은 팬에 파, 양파, 간장, 물, 햄프시드를 넣고 졸이듯 볶는다.

미니's Tip

*

다이어트 할 때는 소고기 부위 중 안심, 등심, 아롱사태, 도가 니, 우둔살 등 기름기가 적은 부위를 선택하세요.

5. 그릇에 잡곡밥을 담고 졸인 파와 양파를 올린다.

6. 소고기를 돌려 담고, 어린잎채소를 올려 와사비를 곁들인다.

노오븐토르티야피자

칼로리 폭탄 배달피자 대신, 건강하고 맛있는 피자를 오븐 없이 만들 수 있어요.
저는 통밀토르티야를 도우로 쓰고 닭가슴살소시지와 갖은 채소, 식감 좋은 버섯까지 토핑으로 올렸는데요.
여기에 피자치즈를 뿌리고 전자레인지로 가열하면 완성이에요. 취향 따라 토핑을 바꿔서 즐겨보세요.

통밀토르티야 1장
닭가슴살소시지 50g
양파 1/4개(25g)
파프리카 1/3개(30g)
시금치 1/2줌(10g)
양송이버섯 1개
블랙올리브 2개
피자치즈 1+1/2줌(50g)
토마토소스 1큰술
물 1/2컵(100ml)
올리브유 1/2큰술

1. 시금치는 가닥가닥 뜯고, 양파, 파프리카는 다지고, 버섯, 소시지, 올리브는 모양 살려 썬다.

2. 달군 팬에 올리브유를 두르고 양파, 양송이버섯을 볶다가 토마토소스와 물을 넣고 졸이듯 볶는다.

3. 접시에 토르티야를 깔고 소스를 바른 다음 피자치즈 1/2을 얹는다.

4. 그 위에 소시지, 파프리카, 시금치, 올리브를 올린다.

5. 남은 피자치즈를 뿌리고 전자레인지에서 치즈가 녹을 때까지 2분 30초간 가열한다.

비트크림원팬파스타

파스타 먹으러 레스토랑 가는 대신 집에서 색다르게 만들어볼까요? 자기주장 강한 붉은색 비트를
넣으면 색이 고운 핑크색 크림파스타를 만들 수 있어요. 밀가루면 대신 통밀파스타로 탄수화물을 줄이고,
오징어로 단백질도 든든하게 챙겼어요. 맛과 영양, 색깔까지 특별한 파스타를 완성해보세요.

>> ingredients

통밀스파게티 30g
오징어몸통 1개(120g)
비트 약간(10g)
양파 1/4개(50g)
마늘 4개
브로콜리 1/4개(65g)
저지방우유 2컵(400ml)
저지방슬라이스치즈 1장
올리브유 1큰술
허브솔트 약간

1. 마늘은 편 썰고, 양파는 채 썰고,
   브로콜리는 한입 크기로 썰고,
   비트는 껍질을 벗긴다.

2. 오징어몸통은 껍질을 벗기고
   칼집을 낸 다음, 끓는 물에 살짝
   데쳐 돌돌 말린 모양대로 썬다.

3. 믹서에 비트, 저지방우유를 넣고
   잘 간다.

4. 달군 팬에 올리브유를 두르고
   마늘, 양파를 볶다가 브로콜리를
   넣어 볶는다.

5. 비트우유를 붓고 통밀스파게티
   를 건면 그대로 넣어 면이 익을
   때까지 중약불에서 충분히
   졸이듯 끓인다.

6. 데친 오징어, 치즈를 넣고
   허브솔트로 간한다.

곤약콩국수

무더운 여름날에는 시원한 콩국수만한 별미가 없죠. 다이어트 할 때 자주 먹는 병아리콩으로
만들면 콩 특유의 비린 맛이 없어 더 고소한 맛의 콩국물을 만들 수 있어요.
밀가루면 대신 곤약면을 넣어서 칼로리까지 확 줄인 다이어트 보양식을 즐겨보세요.

>> ingredients

병아리콩통조림 2컵(200g)
(혹은 삶은 병아리콩)
곤약면 150g
오이 25g
달걀 1개
물 3컵(600ml)
소금 약간
깨소금 약간

병아리콩을
직접 삶는 법은
31쪽을
참고하세요.

1. 믹서에 병아리콩통조림, 물을
넣고 간다.

2. 콩물을 체에 밭쳐 숟가락으로
눌러가며 거른다.

3. 달걀은 식초와 소금을 넣은 물에
넣고 삶아 껍질 벗겨 2등분하고,
오이는 채 썬다.

식초를 넣고
데쳐야 곤약
특유의 냄새가
사라져요.

4. 곤약면은 물에 잘 씻은 다음,
끓는 물에 식초 1큰술을 넣고
살짝 데쳐 찬물에 헹군다.

5. 그릇에 곤약면, 오이, 달걀을
올리고 거른 콩국물을 부어
소금, 깨소금으로 간한다.

미니's Tip

*

남은 병아리콩 건더기는 물을
넣고 다시 한 번 갈아서 두유처
럼 먹어도 좋아요.

차돌박이샌드위치

차돌박이는 기름이 많아서 매일 다이어트 식단으로는 추천하지 않지만, 고소한 맛과 향이 진해서
별미로 가끔씩 즐기기에 제격이에요. 차돌박이를 구워 기름을 빼고 갖가지 채소로 샌드위치를 만들면
섭취하는 양도 많지 않아요. 가끔은 먹고 싶은 음식을 적당히 먹어서 에너지를 보충해주세요.

>> ingredients

차돌박이 80g
통밀치아바타 1개
토마토 1/2개(60g)
양파 1/4개(40g)
새송이버섯 1/3개(35g)
케일 2장
피자치즈 1줌(30g)
허브솔트 약간

1. 케일은 씻어서 물기를 빼고,
   토마토, 양파, 새송이버섯은
   모양을 살려 얇게 썬다.

2. 마른 팬에 차돌박이를 굽고
   키친타월에 올려 기름을 뺀다.

3. 같은 팬에 양파, 새송이버섯을
   넣고 허브솔트를 뿌려 굽는다.

4. 치아바타를 납작하게 반으로
   갈라 자른 단면에 피자치즈를
   뿌리고, 전자레인지에서 1분간
   가열하여 녹인다.

5. 빵의 한 면에 케일-토마토-
   양파-새송이-차돌박이 순으로
   올리고 나머지 빵으로 덮는다.

PART 6

MEAL PREP
&
SMOOTHIES

한꺼번에 일주일 치 저장 밀프렙
& 바로 효과 보는 다이어트 스무디

직장이나 학교를 다니면서 다이어트 하기, 참 힘드시죠? 그래서 저는 바쁜 평일을 대비해 주말에 1~2시간 투자하여 일주일 치 점심 도시락을 준비했어요. 이름하여 밀프렙(meal prep)! 미리 만들어서 냉장, 냉동해두면 한 주 동안 식단을 챙기기가 한결 수월해져요.

그리고 또 하나! 제가 다이어트 하며 마신 다양한 음료를 소개해요. 저는 채소와 과일을 갈아 마시면서 비타민, 무기질 등 부족한 영양소를 채웠고, 체내 노폐물을 제거했어요. 전날 과식하거나 다이어트의 적인 변비가 생겼을 때 주스야말로 즉각적으로 해결해줬거든요. 아침이나 저녁 한 끼를 식사 대신 주스로 대신하는 것도 추천합니다.

참치카레볶음밥

(5회 분량)

볶음밥은 만들기에도 저장하기에도 정말 좋은 요리예요. 재료를 맘대로 바꿀 수도 있고 부재료를 많이 넣어
밥을 적게 줄일 수도 있잖아요. 약간의 잡곡밥에 참치를 넣어 단백질을 채우고, 색색의 채소를
잡곡밥보다 푸짐하게 넣어서 볶으면 포만감도 좋고 맛도 좋은 5일 치 밀프렙을 뚝딱 완성할 수 있어요.

참치통조림 4캔(400g)
잡곡밥 450g
당근 2/3개(190g)
애호박 2/3개(180g)
빨간파프리카 1개(85g)
양파 1/2개(60g)
청양고추 3개
카레가루 3큰술
후춧가루 1/2큰술
올리브유 2큰술
달걀 2개

1. 참치는 체에 밭쳐 끓는 물을
   붓고 기름기를 제거한다.

2. 당근, 호박, 파프리카, 양파,
   청양고추는 잘게 다진다.

3. 달군 팬에 올리브유를 두르고
   양파, 청양고추를 볶다가 당근,
   호박, 파프리카를 넣고 볶는다.

4. 잡곡밥, 참치, 카레가루,
   후춧가루를 넣고 볶다가 달걀을
   깨어 넣고 비비듯 볶는다.

5. 내열용기 5개에 약 250g씩
   소분하여 2개는 냉장실에,
   3개는 냉동실에 보관한다.

토마토파스타볶음

(5회 분량)

외국 밀프렙 동영상을 보면 파스타 요리를 많이 해요. 그래서 저도 통밀로 만든 푸실리를 넣고
소스가 흥건하지 않은 볶음면 같은 파스타를 만들어봤어요. 어찌 보면 샐러드 같기도 하지만
파스타, 닭가슴살, 채소 속에 토마토소스가 쏙 배어 있어 매일 먹어도 질리지 않는 메뉴랍니다.

>> ingredients

통밀푸실리 150g
완조리닭가슴살팩 300g
토마토 2개(280g)
노란파프리카 1/2개(120g)
브로콜리 1/3개(140g)
양파 1/2개(80g)
마늘 7개
블랙올리브 7개
토마토소스 4큰술
올리브유 2큰술

1. 닭가슴살은 해동하여 작은 한입 크기로 썬다.

2. 마늘은 편 썰고, 양파는 굵게 다지고, 블랙올리브는 동그란 모양을 살려 썬다.

3. 토마토, 브로콜리, 파프리카는 작은 한입 크기로 썬다.

4. 끓는 물에 통밀푸실리를 넣고 6분 정도 익혀 건진다.

5. 달군 냄비에 올리브유를 두르고 마늘, 양파를 볶다가 닭가슴살, 브로콜리를 넣어 볶는다.

6. 푸실리, 토마토소스, 토마토, 파프리카, 올리브를 넣고 골고루 볶는다.

7. 내열용기 5개에 약 250g씩 소분하여 2개는 냉장실에, 3개는 냉동실에 보관한다.

소고기미역죽

(5회 분량)

수분을 머금고 있어 해동해도 촉촉한 죽 종류는 밀프렙 하기 좋은 메뉴예요.
각종 무기질과 식이섬유가 풍부해서 장운동을 돕는 미역은 포만감도 좋으니까 듬뿍 넣어주세요.
쫄깃한 소고기와 잡곡밥, 채소를 넣고 뭉근하게 끓이면 소화가 잘 되는 보드라운 죽 도시락이 완성됩니다.

>> ingredients

미역 60g
소고기 양지 300g
잡곡밥 450g
당근 1개(200g)
다진 마늘 1큰술
굴소스 2큰술
후춧가루 1/2큰술
들기름 2큰술
물 8컵(1600ml)

1. 마른 미역은 찬물에 여러 번
   헹군 다음, 물기를 꼭 짜서 먹기
   좋게 자른다.

2. 당근은 잘게 다지고, 고기는
   작게 썬다.

3. 달군 냄비에 들기름을 두르고
   다진 마늘, 소고기, 미역을 넣고
   볶는다.

4. 잡곡밥, 당근, 굴소스, 물을 넣고
   잘 섞어 중불에서 중간중간
   저어가며 15분간 끓인다.

5. 내열용기 5개에 약 400g씩
   소분하여 2개는 냉장실에,
   3개는 냉동실에 보관한다.

미니's Tip
*

미역은 오래 불리거나 뜨거운
물로 불리게 되면, 고유의 맛과
식이섬유의 일종인 알긴산 성
분이 손실될 수 있어요. 불리는
단계를 굳이 가질 필요 없이 차
가운 물로 가볍게 헹궈주세요.

병아리콩웜샐러드

(5회 분량)

샐러드를 밀프렙 해서 냉동 보관하다니, 많이 놀라셨죠? 잎채소가 들어 있지 않은 따뜻한 샐러드라면 가능해요.
고소한 병아리콩과 쫄깃한 버섯, 여러 가지 채소들을 볶아서 만들었거든요. 따뜻하게 데워서
숟가락으로 퍼먹으면 콩과 채소가 가진 다양한 식감이 입안에서 춤을 춰요.

>> ingredients

병아리콩통조림 5컵(500g)
(혹은 삶은 병아리콩)
새송이버섯 3개(240g)
브로콜리 150g
토마토 1개(130g)
노란파프리카 1/2개(130g)
양파 1/2개(80g)
블랙올리브 7개
코코넛오일 2큰술
바질가루 1큰술
허브솔트 약간
후춧가루 약간

병아리콩을
직접 삶는 법은
31쪽을
참고하세요.

1. 병아리콩통조림은 헹궈서 체에 받쳐 물기를 뺀다.

2. 브로콜리, 파프리카, 토마토, 양파, 새송이버섯, 올리브는 병아리콩 크기로 굵게 다진다.

3. 달군 팬에 코코넛오일을 두르고 양파가 반투명해질 때까지 볶는다.

4. 토마토를 제외한 나머지 채소, 병아리콩을 넣고 볶다가 토마토를 넣고 재빨리 볶아 허브솔트, 바질가루, 후춧가루로 간한다.

5. 내열용기 5개에 약 250g씩 소분하여 2개는 냉장실에, 3개는 냉동실에 보관한다.

닭가슴살치즈부리토

(6회 분량)

여러모로 간편해서 자주 만드는 메뉴예요. 통밀토르티야 안에 잘게 썬 닭가슴살과
채소, 병아리콩, 피자치즈까지 얹어 돌돌 만 멕시코 음식이지요. 랩으로 포장해 냉동했다가
먹을 때마다 전자레인지로 해동해 먹으면 갓 만든 것처럼 맛있답니다.

통밀토르티야 6장
완조리닭가슴살팩 200g
병아리콩통조림 1컵(100g)
(혹은 삶은 병아리콩)
양파 1/2개(100g)
당근 2/3개(130g)
애호박 1/3개(130g)
새송이버섯 2개(135g)
피자치즈 3줌(100g)
토마토소스 4큰술
올리브유 2큰술
후춧가루 약간

1. 닭가슴살은 해동하여 다지고,
   양파, 당근, 애호박, 버섯은 잘게
   다지고, 삶은 병아리콩통조림은
   헹궈서 물기를 뺀다.

2. 달군 냄비에 올리브유를 두르고
   양파를 볶는다.

3. 닭가슴살, 병아리콩, 당근,
   애호박, 버섯, 토마토소스,
   후춧가루를 넣고 볶아 한 김
   식힌다.

4. 통밀토르티야 위에 볶은 재료를
   얹고 피자치즈를 뿌린다.

5. 토르티야의 양옆을 접고 돌돌
   말아 랩으로 감싸 밀봉한다.

6. 6개 모두 낱개로 냉동 보관하고
   전자레인지로 해동해 먹는다.

두부버섯볶음밥

(5회 분량)

두부를 얼리면 단백질 조성이 2배나 높아진다는 점, 제가 하도 얘기해서 이제 다 아시죠?
그뿐만 아니라 유부처럼 단단하고 쫄깃한 식감으로 변해서 간이 더 잘 배요. 두부, 버섯, 브로콜리 등
담백한 재료에 굴소스, 양파, 청양고추로 맛을 업그레이드시킨 영양 만점 볶음밥입니다.

>> ingredients

두부 2모(600g)
잡곡밥 450g
브로콜리 2/3개(170g)
새송이버섯 3개(200g)
양파 1/2개(80g)
청양고추 3개
굴소스 2큰술
후춧가루 1/3큰술
허브솔트 약간
올리브유 2큰술

두부를 물에 담가 얼려도 되지만 수분을 제거하고 얼리면 훨씬 쫄깃해요.

1. 두부는 수분을 제거하고 밀봉하여 하루 정도 전날 냉동실에 넣어 꽝꽝 얼린다.

2. 얼린두부는 전자레인지나 실온에서 해동하여 남은 물기를 꼭 짜고 으깬다.

3. 양파, 청양고추, 브로콜리, 새송이버섯은 잘게 다진다.

4. 달군 냄비에 올리브유를 두르고 양파, 청양고추를 볶다가 브로콜리, 버섯을 넣고 볶는다.

5. 으깬 두부, 잡곡밥, 굴소스, 후춧가루, 허브솔트를 넣고 볶는다.

6. 내열용기 5개에 약 250g씩 소분하여 2개는 냉장실에, 3개는 냉동실에 보관한다.

High Protein Low Carbohydrate
Diet Recipes
76

정석다이어트도시락

(3회 분량)

다이어트 식단의 대표 식품을 모은 정석 다이어트 도시락이에요. 생닭가슴살의 비린내는
바질가루와 후춧가루로 잡아서 굽고, 다른 재료들도 건강하게 데치고 삶아냈어요.
매일 준비하면 손이 많이 가지만 한꺼번에 여러 번 먹을 양을 준비하면 시간을 절약할 수 있어요.

생닭가슴살 300g
고구마 300g
방울토마토 20알
브로콜리 60g
아몬드 60알
올리브유 1/2큰술
바질가루 1/2큰술
후춧가루 약간

닭가슴살 윗부분에 일정한 간격으로 깊게 칼집을 내주면 골고루 빨리 익어요.

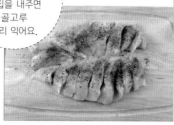

1. 생닭가슴살은 흐르는 물에 씻고 칼집을 내어 바질가루, 후춧가루를 뿌려 재운다.

2. 냄비에 고구마, 고구마가 반만 잠길 정도의 물을 넣고 뚜껑 덮어 푹 삶는다.

3. 브로콜리는 한입 크기로 썰어 끓는 물에 데친 다음, 찬물에 헹궈 물기를 꼭 짠다.

4. 방울토마토는 잘 씻고, 아몬드는 20개씩 지퍼백에 소분한다.

5. 달군 팬에 올리브유를 두르고 닭가슴살을 중불에서 앞뒤로 노릇하게 굽다가 뚜껑 덮어 약불에서 속까지 익힌다.

냉동 보관할 때는 방울토마토를 빼고 얼려요.

6. 구운 닭가슴살, 삶은 고구마는 한입 크기로 썬다.

7. 내열용기 3개에 닭가슴살, 고구마, 브로콜리, 토마토를 담고 냉장실에 보관하여 3~4일 안에 먹는다.

변비탈출

비트스무디

(8-9회 분량)

제가 꾸준히 마시며 내장지방 제거와 변비 탈출에 큰 효과를 본 비트주스예요.
비트와 당근은 익혀서 먹으면 체내 흡수율이 높아지고, 생으로 갈았을 때보다 부드러워서 마시기가 수월해요.
익히는 과정이 번거로우니까 한꺼번에 만들어서 매일 드시면 저처럼 비트주스 예찬자가 되실 거예요.

>> ingredients

비트 6개(개당 약 200g)
당근 3개(개당 약 200g)
사과 3개
레몬즙 1컵(200ml)
물 8컵(1600ml)

1. 비트, 당근은 껍질을 벗기고
   적당한 크기로 썬다.

2. 냄비에 비트, 당근, 물을 넣고
   20분간 끓인 다음, 물과 함께
   그대로 식힌다.

3. 사과는 씨를 제거하고 껍질째
   적당한 크기로 썬다.

4. 믹서에 삶은 비트, 당근, 사과,
   레몬즙, 삶은 물을 넣고 잘 간다.

5. 용기에 소분하여 3개는 냉장실에,
   남은 분량은 냉동실에 보관한다.

미니's Tip
*
비트와 당근 특유의 맛이 거북
하다면 딸기나 바나나를 조금
넣어서 갈아주세요.

부기제거

>> ingredients

오이 1/2개(120g)
레몬 1/2개
코코넛워터 1컵(200ml)

1. 오이는 적당한 크기로 썰고,
   레몬은 껍질을 벗긴다.

오이레몬디톡스스무디

디톡스주스, 클렌즈주스로 유명한 음료예요.
특히 어느 TV 프로그램에서 배우 한채아가
부종을 방지하기 위해 마신다고 해서 유명세를 탔죠.
과식한 다음 날 아침이나 부기를 빼고 싶을 때 드세요.

2. 믹서에 오이, 레몬, 코코넛워터를
   넣고 잘 간다.

>> ingredients

자몽 1/2개
딸기 4개
물 1컵(200ml)

생기충전

1. 자몽은 껍질을 벗기고, 딸기는
   2등분한다.

2. 믹서에 자몽, 딸기, 물을 넣고
   잘 간다.

자몽딸기스무디

항산화 물질이 가득한 자몽은 피부를 회복시키고
노화를 막아주며 다이어트, 숙취해소에도 좋아요.
자몽의 상큼하고 쌉싸름한 맛에 딸기의 달콤함이 어우러져
하루의 비타민과 활기가 충전되는 것 같아요.
먹을 때마다 예뻐지는 건 덤이에요.

디저트
대용

>> ingredients

바나나 1개
냉동블루베리 2줌(60g)
저지방우유 1+1/2컵(300ml)

1. 바나나는 적당한 크기로 썰고,
   냉동블루베리를 준비한다.

블루베리바나나스무디

달콤한 디저트의 유혹이 있는 날엔 바나나와 블루베리를
준비하세요. 부드럽고 달콤한 맛이 당을 충전해줘
단것에 대한 욕구가 누그러져요. 블루베리는 생과도 좋지만
금방 물러지니 냉동블루베리를 구비해두면 좋아요.

2. 믹서에 바나나, 블루베리,
   저지방우유를 넣고 잘 간다.

>> ingredients

셀러리 1대(50g)
청포도 70g
코코넛워터 1컵(200ml)

면역력
강화

1. 청포도는 알알이 따고, 셀러리는
   적당한 크기로 썬다.

2. 믹서에 청포도, 셀러리,
   코코넛워터를 넣고 잘 간다.

청포도셀러리스무디

셀러리에는 강력한 항산화 작용을 하는 아피제닌이
함유되어 면역력 강화에 좋아요. 주스로 먹을 땐 셀러리
특유의 쌉싸래한 맛을 상큼하게 중화시켜 줄 청포도와 함께
드세요. 감기도 예방하고 꾸준히 먹으면 뱃살도 사라져요.

>> ingredients

당근 1/2개(130g)
사과 1/2개(140g)
코코넛워터 1컵(200ml)

안색개선

당근사과스무디

다이어트 중에 안색이 칙칙해지면 당근과 사과를
준비하세요. 노화 억제, 항산화 효과가 있는 당근,
당근과 함께 먹으면 눈의 피로와 피부 미용에 좋은 사과,
여기에 수분을 공급하는 코코넛워터가 피부에 생기를 부여해요.

1. 당근, 사과는 적당한 크기로
   썬다.

2. 믹서에 당근, 사과, 코코넛워터를
   넣고 잘 간다.

>> ingredients

시금치 1줌(50g)
바나나 1개
아몬드 1/2줌(10g)
무가당두유 1+1/2컵(300ml)

식욕억제

1. 시금치는 잘 씻고, 바나나는
   적당한 크기로 썰고, 아몬드를
   준비한다.

2. 믹서에 시금치, 바나나, 아몬드,
   무가당두유를 넣고 잘 간다.

시금치바나나스무디

시금치를 갈아 마신다고 하면 맛없어서
못 마실 것 같다고 하시는 분들이 많아요.
하지만 달콤한 바나나와 고소한 아몬드, 무가당두유와
함께 갈면 생각이 달라질 거예요. 시금치 넣은 녹색주스로
변비와 빈혈을 예방하고 뱃살과도 작별하세요.

위장보호

양배추딸기바나나스무디

딸기와 바나나는 카페에서도 많이 파는 과일음료의
조합이니 그만큼 맛있다는 증거겠죠? 저는 여기에
위에 좋은 양배추까지 넣고 갈아 마셔요. 비타민과 식이섬유가
풍부해서 피로와 변비까지 싹 날려주거든요.

>> ingredients

양배추 120g
바나나 1/2개(50g)
딸기 5개
저지방우유 1+1/2컵(300ml)

1. 양배추, 딸기는 2등분하고,
   바나나는 적당한 크기로 썬다.

2. 믹서에 양배추, 딸기, 바나나,
   저지방우유를 넣고 잘 간다.

>> ingredients

토마토 1개
사과 1/2개
코코넛워터 1컵
올리브유 1/2큰술

독소배출

1. 토마토는 십자모양 칼집을 내어
   끓는 물에 30초간 데쳐 썰고,
   사과는 껍질째 썬다.

2. 믹서에 데친 토마토, 사과,
   코코넛워터, 올리브유를 넣고
   잘 간다.

토마토사과스무디

토마토와 사과로 만든 레드스무디는 모든 분들에게 추천해요.
다이어터의 냉장고에는 토마토와 사과가 항상 있으니까요.
익혀서 올리브유까지 첨가해 흡수율을 높인 토마토와
상큼한 사과를 껍질째 갈아 만든 스무디로 다이어트와
항산화효과까지 두 마리 토끼를 잡아보세요.

VVVVVVVVVVVVVVVV

High Protein Low Carbohydrate
Diet Recipes
86

>> ingredients

케일 5~6장(50g)
사과 1/2개 (140g)
코코넛워터 1컵(200ml)

빈혈예방

1. 케일은 흐르는 물에 씻어 뜯고,
   사과는 적당한 크기로 썬다.

케일사과스무디

녹황색채소 중 베타카로틴이 함량이 가장 높은
케일은 열을 가하면 영양소가 파괴돼요. 그래서 생으로
먹거나 갈아 마시는 게 좋아요. 단맛을 더해줄 사과와
함께 아침을 건강하게 시작하세요.

2. 믹서에 케일, 사과, 코코넛워터를
   넣고 잘 간다.

>> ingredients

아보카도 1/2개(90g)
바나나 1개
저지방우유 1컵(200ml)
저지방요거트 3큰술

식사대용

1. 아보카도, 바나나는 껍질을 벗겨
   적당한 크기로 썬다.

2. 믹서에 아보카도, 바나나,
   저지방우유, 저지방요거트를
   넣고 잘 간다.

아보카도바나나스무디

아보카도가 들어간 주스는 식사 대용으로 먹기에도
든든하고 좋아요. 조금만 먹어도 배부른 데다 식욕까지
낮춰주는 아보카도, 달콤한 바나나, 상큼한 요구르트까지
함께 갈아서 부드럽고 크리미하게 마실 수 있어요.

인생몸매 만드는 2주 플랜

고단백 저탄수화물 다이어트 레시피

초판 1쇄 발행 2018년 5월 25일 **초판 17쇄 발행** 2022년 5월 1일

지은이 미니 박지우
펴낸이 이승현

편집1 본부장 한수미
에세이2팀
디자인 날마다작업실

펴낸곳 ㈜위즈덤하우스 **출판등록** 2000년 5월 23일 제13-1071호
주소 서울특별시 마포구 양화로 19 합정오피스빌딩 17층
전화 02) 2179-5600 **홈페이지** www.wisdomhouse.co.kr

ⓒ 박지우, 2018
ISBN 979-11-6220-504-4 13590

바싹 빼는 여름휴가 D-DAY 7일 식단표

1년 중 가장 날씬하고 싶은 여름휴가 시즌. 휴가 계획이나 정말 중요한 날을 앞두고 있다면 딱 일주일만! 독하게 마음먹고 실천해보세요.

	1일차	2일차	3일차	4일차	5일차	6일차	7일차
* 아침	비트스무디 •196쪽	오이레몬디톡스스무디 •198쪽	비트스무디 •196쪽	케일사과스무디 •206쪽	비트스무디 •196쪽	시금치바나나스무디 •203쪽	비트스무디 •196쪽
* 점심	샐러드밥 •80쪽	카레맛달걀덮밥 •88쪽	토마토칠리두부덮밥 •84쪽	무지개샌드위치 1/2개 •66쪽 비트스무디 •196쪽	채소듬뿍달걀김밥 •96쪽	시금치달걀오픈토스트 •36쪽	고구마에그슬럿 •48쪽
* 저녁	토마토달걀볶음 •104쪽	으깬두부버섯볶음 •112쪽	낮치알크림닭가슴살 •106쪽	무지개샌드위치 1/2개 •66쪽	닭가슴살치즈말이 •134쪽	자몽달걀샐러드 •136쪽	양배추쌈피건엄장 •108쪽

매일 포기하는 키치니스트를 위한 초간단 7일 식단표

다이어트 점심과 포기를 반복하는 분들을 위해 간단한 재료로 간편하게 요리할 수 있는 초간단 요리들만 모았어요. 다이어트 식단의 재미를 느끼게 해드릴게요.

	1일차	2일차	3일차	4일차	5일차	6일차	7일차
아침 *	시과명콩버터토스트 · 46쪽	양배추달걀간장밥 · 50쪽	시금치달걀오픈토스트 · 36쪽	양배추딸기바나나스무디 · 204쪽	시과바나나포리지 · 56쪽	바나나단백질팬케이크 · 40쪽	시금치바나나스무디 · 203쪽
점심 *	참치카레볶음밥 · 182쪽	땅콩버터연쩬크림파스타 · 72쪽	참치카레볶음밥 · 182쪽	참치두부요이범밥 · 76쪽	참치카레볶음밥 · 182쪽	누무오곡노미야키 · 160쪽	연어회남치알밥 · 146쪽
저녁 *	계란삶밥궁 · 118쪽	참치카이룸 · 124쪽	해파리게맛살러드 · 128쪽	닭가슴살치즈알이 · 134쪽	토마토달걀부름 · 104쪽	남치알크림닭가슴살 · 106쪽	지투리타타 · 130쪽

본격 인생요리 만드는 14일 식단표

삶에 지쳐 슬럼프를 느꼈다면 이제 제대로 S라인 만들어 봐요.
점심은 밀프렙 메뉴로 입주일 지를 미리미리 준비해서 인생요리를 발견하는 14일 프로젝트를 시작해 보세요.

	1일차	2일차	3일차	4일차	5일차	6일차	7일차
* 아침	자몽딸기스무디 · 199쪽	단호박영양죽 · 42쪽	소고기토마토스튜 · 114쪽	달걀쩜밥 · 38쪽	아보카도토마토치즈토스트 · 54쪽	아보카도바나나스무디 · 207쪽	오이레몬디톡스스무디 · 198쪽
* 점심	두부버섯볶음밥 · 192쪽	닭가슴살참치부리토 · 190쪽	두부버섯볶음밥 · 192쪽	닭가슴살치즈부리토 · 190쪽	두부버섯볶음밥 · 192쪽	자유식	달걀계맛쌈밥 · 164쪽
* 저녁	자몽닭갈샐러드 · 136쪽	소고기토마토스튜 · 114쪽	해파리게맛살샐러드 · 128쪽	근약콩국수 · 176쪽	으깬두부버섯볶음 · 112쪽	훈제연어오이롤 · 158쪽	수란주키니파스타 · 122쪽

	8일차	9일차	10일차	11일차	12일차	13일차	14일차
* 아침	단호박달걀샌드위치 · 94쪽	토마토사과스무디 · 205쪽	참치김자오믈렛 · 52쪽	견과류품은아보카도 · 60쪽	바나나단백질팬케이크 · 40쪽	블루베리바나나스무디 · 200쪽	청포도셀러리스무디 · 201쪽
* 점심	정석다이어트도시락 · 194쪽	두부버섯볶음밥 · 192쪽	정석다이어트도시락 · 194쪽	두부버섯볶음밥 · 192쪽	정석다이어트도시락 · 194쪽	자유식	채소듬뿍쌈밥 · 144쪽
* 저녁	토마토달걀볶음 · 104쪽	훈제오리쌈 · 138쪽	병아리콩두부샐러드 · 116쪽	아보카도참치샐러드 · 110쪽	오무로틴 · 126쪽	자투리타타 · 130쪽	통오징어샐러드 · 120쪽

감량 후 요요 없는 유지 14일 식단표

감량에 성공하셨나요? 축하드려요! 하지만 방심은 금물! 감량 식단과 일반식, 그리고 외식+과식+폭식을 막는 건강한 스페셜 메뉴로 감량 후 찹체지 않는 체질로 변화해봐요.

구분	1일차	2일차	3일차	4일차	5일차	6일차	7일차
아침*	참치김치오트밀죽 • 52쪽	병아리콩요거트볼 • 62쪽	비트스무디 • 196쪽 + 건과류콩으이브키드 • 60쪽	달걀쌈밥 • 38쪽	달걀쌈밥 • 196쪽	과일케일스무디볼 • 44쪽	당근사과스무디 • 202쪽
점심*	토마토파스타볶음 • 184쪽	훈제연어베이글 • 82쪽	일반식	토마토파스타볶음 • 184쪽	시금치달걀오픈토스트 • 36쪽	시금치돼지고기구이카레 • 70쪽	지유식
저녁*	닭가슴살불두유리소토 • 78쪽	병아리콩크림샐러드 • 116쪽	토마토달걀볶음 • 104쪽	훈제오리냉채 • 150쪽	동오징어샐러드 • 120쪽	오차버스테이크덮밥 • 170쪽	노밀가루부부전 • 148쪽

구분	8일차	9일차	10일차	11일차	12일차	13일차	14일차
아침*	양배추달걀김치쌈밥 • 50쪽	노오븐토르티야피자 • 172쪽	비트스무디 • 196쪽 + 건과류콩오이브키드 • 60쪽	사과바나나포리지 • 56쪽	바나나단백질팬케이크 • 40쪽	시금치바나나스무디 • 203쪽	지롱딸기스무디 • 199쪽
점심*	토마토파스타볶음 • 184쪽	이브키드닭가슴살쌈 • 74쪽	일반식	무지개샌드위치 • 66쪽	토마토파스타볶음 • 184쪽	지유식	치즈밝이샌드위치 • 178쪽
저녁*	해파리게맛살샐러드 • 128쪽	이브키드참치샐러드 • 110쪽	계란샐러드찜 • 118쪽	돼지고기숙주볶음면 • 86쪽	지루리타타 • 130쪽	지유식	매생이굴떡국 • 152쪽